水资源配置安全保障战略研究

游进军　蒋云钟　杨朝晖
王小军　赵建世　贾　玲　等　著

科学出版社

北　京

内 容 简 介

本书面向我国新时期的国家发展战略，在评估我国水与社会经济布局协调关系基础上，总结归纳了我国水资源配置的现状，辨识了城镇化进程推动的供水安全保障综合要求，针对未来城市供水、粮食安全、生态保护等重点保障目标，阐述了空间均衡理念下的水资源配置原则和方向，分析了全国不同流域的水资源供求关系和水资源配置格局；最后以南水北调后续高质量建设为重点，提出了我国重大水资源配置工程布局战略以及保障措施建议。

本书可供水文水资源、水生态、水环境、水利工程等领域的科研人员、高校相关专业教师和研究生，以及相关专业领域的技术人员参考。

图书在版编目 (CIP) 数据

水资源配置安全保障战略研究／游进军等著 . —北京：科学出版社，2022.10
ISBN 978-7-03-068160-7

Ⅰ.①水… Ⅱ.①游… Ⅲ.①水资源管理–资源配置–研究 ②水资源管理–安全管理–研究 Ⅳ.①TV213.4

中国版本图书馆 CIP 数据核字 (2021) 第 036125 号

责任编辑：王 倩／责任校对：樊雅琼
责任印制：吴兆东／封面设计：无极书装

科 学 出 版 社 出版
北京东黄城根北街 16 号
邮政编码：100717
http://www.sciencep.com
北京九州迅驰传媒文化有限公司印刷
科学出版社发行 各地新华书店经销
*
2022 年 10 月第 一 版 开本：720×1000 1/16
2024 年 11 月第三次印刷 印张：9 1/2
字数：230 000
定价：120.00 元
（如有印装质量问题，我社负责调换）

本书编写组

游进军　蒋云钟　杨朝晖　王小军　赵建世

贾　玲　林鹏飞　牛存稳　薛志春　马真臻

李运平　贺华翔　王　婷　张　旭　冶运涛

付　敏　金君良　刘　鼎　倪海深　杜　捷

王炳轩

序

　　水是支撑人类生存发展不可替代的基础自然资源，也是维持生态健康的控制性要素。水资源可持续利用是人口、资源、环境与发展的重要内容，关系到人类社会的前途和命运，已成为全球性议题，受到社会广泛关注。从节约、保护、开发、利用等不同角度去研究探讨水问题及其应对策略，对水安全保障战略大有裨益。

　　河流孕育的从原始到现代的各种文明，反映了人水关系的不同阶段。从最初滨水而居的渔猎文明到逐水而居的游牧文明，再到追求水土资源匹配的农业定居文明，最后发展到经济、人口、资源高度集中化的工业文明、城市文明，人类社会对水从被动适应逐步过渡到主动适应。其内在原因是发展推动技术进步，水资源开发利用手段日趋丰富，开发程度日益提高，利用范围逐步扩大，从小规模零散利用演变为大范围开发分配，支撑了更大规模、更高要求的经济社会活动。调配能力的增强是提高水资源开发利用效率的关键，可以解决水与人口、耕地、经济中心分布不匹配的问题，使人类受天然水资源条件的束缚逐步降低。然而，调配能力的增强也带来水资源开发利用过度，引发各种生态环境问题，合理约束控制开发强度、提高利用效率成为水资源可持续利用的新问题。

　　我国地域辽阔，河川众多，水资源总量位居世界前列，但人均资源量不足世界平均水平的三分之一。同时，我国地形地貌丰富，气候类型多样，降水、径流的时空分布差异相对世界其他区域更为显著，区域、用户水量分配矛盾更加突出。治水是中华文明的重要组成部分，水利是兴国安邦的基础，也是政府历来的施政重心。统筹水与经济社会发展的关系，提出适应资源特征和发展需求的水资源配置战略，既满足当前发展的需求，又为长远发展打下基础，支撑国家水安全保障，对于我国而言具有特殊的重要意义。

　　《水资源配置安全保障战略研究》立足水情、国情，探讨了我国的水资源合理配置方向和保障战略。该书从我国水资源与社会经济布局的不均衡性和问题入手，针对未来城市供水、粮食安全、生态保护等重点保障目标，分析了新形势下的水资源配置需求，识别了提高水安全保障的方向和要求，提出了全国和分区水资源配置格局，分析了重大配置工程、重点应对措施等保障对策。全书以我国的水资源配置保障战略为主线，从问题、需求、目标和对策进行了系统分析，具有较强的科学性、针对性和实用性。

可以预见，随着我国经济发展，社会对可持续理念认识的提升，水资源配置涉及范围还会扩大，要求也必然提高。做好这项工作任务十分艰巨，需要围绕国家目标和实践需求，加大投入、长期坚持，不断深入开展相关研究。

期待该书的出版，能推动水资源配置的研究和实践应用，对相关规划管理和科研工作起到积极的作用，为读者提供有益的帮助。

中国工程院院士

2022 年 9 月

前　言

当前是我国开启全面建设社会主义现代化国家新征程和实现中国梦的关键时期。生态文明建设、新型城镇化、工业现代化的全面推进，以及京津冀协同发展、长江经济带、黄河流域生态保护与高质量发展等国家战略的实施，对水安全保障提出了更高要求。水资源是保障城市群发展、能源安全、粮食安全的重要基础条件。同时，河湖生态水量不足、地下水超采和水污染等生态环境问题影响了经济社会的发展质量，使国家水安全保障面临更为严峻的挑战。如何协调社会经济与生态保护对水的竞争性需求，实现高质量发展，是当前水资源配置迫切需要解决的问题。

"节水优先、空间均衡、系统治理、两手发力"的治水思路为推进新时代治水提供了科学指南和根本遵循。为保障新时期国家水资源安全，中国工程院于2016 年组织开展"我国水安全战略和相关重大政策研究"重大咨询项目，其中"水资源配置安全保障战略研究"课题由中国水利水电科学研究院牵头，联合清华大学、水利部交通运输部国家能源局南京水利科学研究院共同承担。课题结合我国新时期的国家发展战略，评估不同区域和重点行业水资源配置的战略需求，诊断存在的问题，结合自然条件、区域和行业发展等不同条件和需求，提出保障供水安全的技术和管理策略建议，以及全国不同的分区配置保障方向，提出重大水资源配置工程的部署实施建议。本书基于课题研究内容，并进一步凝练总结，形成以下主要内容：

1）水资源与社会经济的不均衡性分析。采用基尼系数和城镇化不均衡指数分析了我国水资源分布与经济社会布局的不均衡关系，通过引入城镇化不平衡指数衡量水资源与经济发展要素的协调程度。结果表明，水资源与土地面积、水资源与人口处于"极不匹配"的状态，水资源与灌溉面积、水资源与经济总量处于"不匹配"状态。

2）基于空间均衡理念的水资源配置保障需求。总结水资源配置的发展历程和新时代发展方向，分析了基于空间均衡理念的水资源配置概念，辨识了新时期水资源配置战略的问题和要求。从协调水源与需求、经济发展和生态保护等平衡关系的角度，分析了粮食安全、能源安全、生态安全以及重点城市群和经济区发展对水资源的需求及保障目标要求。

3）新型城镇化的供水安全保障战略。总结了我国城镇化过程和现状、未来的定位特征，预测了城镇化驱动和节水型社会建设下的城镇生活、第三产业、工业、生态环境等方面的需求变化趋势和供需形势，分析了新型城镇化进程下的供水安全存在的问题和面临的挑战，提出了新型城镇化的供水安全保障战略。

4）基于荷载均衡的水资源配置格局。分析了我国现状供水能力和承载能力，识别了现状条件下的流域水资源超载状况。基于发展预测结果，分析了未来水资源需求峰值，结合水资源需求、水资源条件和供给能力三者共同构成的荷载均衡特征，提出了各个区域未来水资源配置的基本方向。比较分析各流域的水资源承载能力和供需关系，提出了全国水资源配置格局和总体措施，指出北方地区处于水资源超载状态，需要通过跨流域跨区域调水工程保障发展目标；南方地区应以治理工程性缺水、水质性缺水为重点，增强供水保障的工程短板，优化重点工程建设和区域均衡布局，提高整体供水保障能力。

5）南水北调工程后续规划建设分析。根据新形势下的水安全保障目标，提出了南水北调工程后续规划建设方案建议。南水北调东线工程以置换黄河水量和保障京津冀供水安全为后续规划目标，加强调度置换引黄水量满足综合用水需求，保障京津冀新增需求，使黄河供水控制在合理范围内，并从水价、调度和管理等方面加强保障措施。中线工程考虑受水区需求变化和工程建设难度，按照先挖潜、再增源、后扩建的原则，提高可调水量，在充分优化东中线工程格局基础上，从国家发展战略层面分析西线工程建设目标和需求，考虑调水的可行性、效果以及成本等，从社会经济规模调整、节流、开源等不同方式综合分析，进一步对比不同方案，提出对比方案供决策参考。

6）水资源配置战略保障措施建议。为保障国家整体配置战略的推进和实施，提出加强水资源刚性约束制度、国家智能水网构建和非常规水源配额制等保障措施的具体实施方案和内容。

全书共7章：第1章提出研究背景、目标、总体思路与主要内容，由游进军、蒋云钟、杨朝晖、贾玲撰写；第2章分析了我国水资源配置现状与问题，由杨朝晖、游进军、付敏、刘鼎、杜捷撰写；第3章研究基于空间均衡理念的水资源配置需求，由赵建世、游进军、蒋云钟、贾玲、马真臻撰写；第4章分析了城镇化进程下的供水安全保障战略，由王小军、李运平、张旭、金君良、倪深海、王炳轩、付敏撰写；第5章研究提出未来发展形势下的全国水资源供求关系和分区配置格局，由游进军、蒋云钟、贾玲、林鹏飞、王小军、薛志春、贺华翔、王婷撰写；第6章分析了水资源重点工程布局战略，由游进军、蒋云钟、贾玲、杨朝晖、牛存稳撰写；第7章提出了国家水资源配置战略的重点保障措施及建议，由蒋云钟、游进军、冶运涛撰写。全书由游进军、蒋云钟、杨朝晖、贾玲统稿并校核。谢纪强、蔡露瑶、郭聪、刘鑫等参与了本书数据分析、图表处理等工作。

在研究过程中，得到了王浩、张建云、钮新强、胡春宏、王建华等专家的悉心指导，赵勇、汪林、柳长顺、谢新民、张双虎、赵红莉、李海红、秦长海、何凡、褚俊英等提供了大量帮助和十分有益的建议。中国工程院、水利部水利水电规划设计总院、水利部发展研究中心及各流域机构、山西省水利厅、四川省水利厅等单位给本研究提供了有力的支持和帮助。在此，对指导和支持本研究和本书编著的领导和同事们表示衷心的感谢！并感谢所有参考文献的作者！

本书研究工作得到中国工程院重大项目"我国水安全战略和相关重大政策研究"（2016–ZD08）、国家自然科学基金项目"二层结构的流域生态调度方法研究"（52079143）、国家重点研发计划项目"国家水资源动态评价关键技术与应用"（2018YFC0407700）、国家重点研发计划项目"特大干旱精准诊断与应急水源智慧调度技术装备"（2021YFC3000200）等的资助。

由于全国水资源配置战略研究涉及因素众多，面临形势不断变化，问题极其复杂，限于作者水平和时间，研究工作尚有不足，存在大量需要继续深入探讨的问题，敬请广大读者批评指正。

作　者
2022 年 9 月

目　　录

第1章 绪 论

1.1 研究背景

水是基础性自然资源和战略性经济资源，供水安全保障是实现可持续发展的基础。我国水资源禀赋条件并不优越，且时空分布不均。北方大部分地区生态状况较为脆弱，而人口众多，可供利用的土地资源有限，经济社会发展迅速，水资源分布与经济社会发展布局不匹配。加之部分地区在追求经济增长的过程中，对水资源和生态环境的保护力度不够，甚至过度开发，加剧了水资源短缺、水环境破坏和水生态恶化等水问题。随着人口增长、经济社会发展和人民生活水平的提高，水资源保障需求越来越高，供需矛盾更为突出，水资源与生态环境面临着越来越严峻的压力。

维护健康水生态、保障国家水安全，以水资源可持续利用保障经济社会可持续发展，是关系国计民生的大事。未来一个时期是我国全面建成小康社会和实现中国梦的关键时期，生态文明建设、新型城镇化、工业化战略的推进，将使经济社会对水量的需求和保障程度进一步提高。受制于我国的水资源分布，能源基地、粮食基地的建设短板都在水资源，水资源-能源-粮食协同发展遇到越来越大的挑战。京津冀协同发展、长江经济带和黄河流域生态保护和高质量发展等重大发展战略都离不开水资源的保障支撑。河湖生态水量不足、地下水超采和水污染问题，使水资源安全保障面临更为严峻的挑战。因此，水资源配置既关系经济发展质量和可持续性，也关系全国生态环境大格局。

党的十八大以来，中央围绕系统治水做出一系列重要论述和重大部署，科学指引水利建设，开创了治水兴水新局面。尤其是"节水优先、空间均衡、系统治理、两手发力"的治水思路，对水安全保障提出了新要求，也指出了水资源配置的发展方向。因此，迫切需要按照空间均衡的理念，实现保障重点、荷载均衡的配置目标。历史经验表明，水资源的开发利用格局合理，水资源能得到有效配置，就能有力地支撑经济社会发展，维持良好的生态环境；反之，则可能由缺水导致经济发展受限，或者不合理的过度开发导致生态环境恶化，进而制约发展。

为适应新时期的发展需求，保障国家水资源安全，2016 年中国工程院启动"我国水安全战略和相关重大政策研究"重大咨询项目研究，其中课题 5 为"水资源配置安全保障战略研究"，旨在按照新时期治水思路分析我国的水资源配置安全保障战略，在节水战略、生态保护战略等基础上，实现空间均衡的布局。课题结合我国新时期"一带一路"倡议以及重点区域发展规划，评估不同区域水资源配置的战略需求，对现状配置问题进行诊断，以水资源条件、水需求和水利工程之间的关系分析荷载均衡关系，提出保障供水安全的技术和管理策略建议，分析不同分区配置格局、重大水资源配置工程，提出空间均衡的水资源配置总体战略。本书在课题研究的基础上，总结归纳了涵盖新时期水资源配置战略需求分析、城镇化条件下水资源配置安全保障战略研究、分区水资源配置保障战略研究和重大水资源配置工程战略等研究内容。

1.2　研究目标

本书研究目标是针对新时期水资源配置战略的问题和需求，按照空间均衡的要求提出全国分区水资源配置保障战略和重大水资源配置工程实施建议。具体目标包括：分析我国新时期的国家发展战略，评估不同区域水资源配置的战略需求，对城镇化条件下配置安全存在的问题进行诊断，根据分区自然特征、区域和行业发展等不同条件和需求，提出保障供水安全的技术和管理策略建议，按照空间均衡的水资源配置总体战略分析全国不同的分区配置保障战略，提出有关重大水资源配置工程的部署实施建议。

1.3　总体思路

根据研究目标，需要从我国水资源特征、配置现状与发展需求出发，考虑水资源和需求分布的不均衡关系，从空间均衡的角度协调水源与需求、经济发展和生态保护等平衡关系，提出全国分区水资源配置保障战略。按照上述总体思路，本书在现状水资源配置和发展需求综合分析的基础上，分析现状配置问题，根据重点行业的发展需求，提出保障目标，针对城市群、粮食安全、农业安全和生态安全等重点保障对象提出对策措施，从水资源条件、水资源承载能力、供水能力等因素出发分析保障能力和需求之间的差距，提出工程和分区配置格局，对南水北调等国家战略工程的规划建设提出战略建议，以及保障措施建议。总体研究思路见图 1-1。

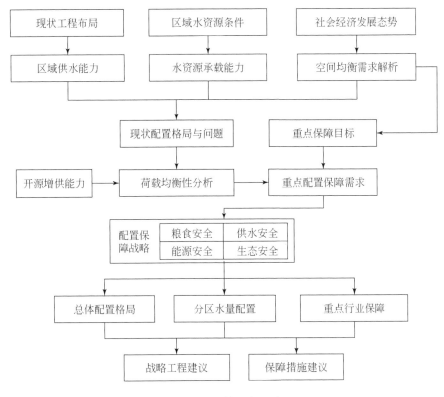

图 1-1　总体研究思路

1.4　主要研究内容

根据研究目标和总体思路，通过对全国不同类型区域走访调研，了解水资源调配管理的现状、问题和面临挑战，在总结已有规划和研究成果基础上，围绕空间均衡目标，从以下几方面开展研究，形成相应的成果。

1）水资源配置现状与问题分析。根据我国水资源特征与供用水特点，采用基尼系数等方法分析水与主要经济社会要素的协调性、匹配性，提出全国各大区域的水与社会经济布局的匹配关系。根据全国及各个流域的供用水现状与变化趋势，总结水资源开发利用的变化规律，分析流域水资源调配关系以及现状的水资源配置格局，提出水资源配置工作对经济社会发展的促进作用和存在问题。

2）空间均衡的配置需求研究。总结水资源配置的发展历程，分析新时期水资源配置的要求，从水资源配置角度对"空间均衡"概念和意义进行解析，以国家经济发展布局、生态文明建设整体发展战略为基础，结合国家战略以及重点区域发展规划，分析粮食安全、生态安全、环境安全、能源安全以及重点城市群和经济区发展需求，评估不同行业的水资源配置需求。

3）城镇化下的供水安全保障战略研究。分析我国的城市化发展历程和预期目标，围绕城镇化条件下配置安全保障战略开展研究，结合国家战略和重大区域发展规划，分析城镇化等新形势对提高供水安全保障的需求。针对城镇供水安全面临的问题，特别是重点城市群差异性问题，从开源节流和水资源管理等方面，分析保障供水安全的对策。在此基础上，提出城镇化进程下的粮食安全、能源安全和生态安全的供水保障对策措施建议。

4）水资源供求关系与分区配置格局研究。针对未来战略发展下的水资源需求变化，分析现有工程条件的供水能力和增长态势，以水资源量可利用量为基础进行供需态势分析，分析各个流域区的水资源承载状况。本书主要对城镇化条件下配置安全存在的问题进行诊断，提出保障供水安全的技术和管理策略建议，并对不同的分区、重大水资源配置工程，提出空间均衡的水资源配置总体战略。

5）重点工程布局研究。在前述研究内容的基础上，以南水北调后续高质量建设为重点，分析南水北调东、中、西线工程的配置效应和面临问题，分析不同方案下的配置保障效果，提出保障国家水资源配置战略要求下的工程部署建议。

6）保障措施建议。根据国家水资源配置战略后续工作的重点和短板，以推进落实水资源刚性约束、建设国家智能水网体系、实施非常规水源配额制三项工作为重点保障措施，阐明提高水资源保障水平、优化水资源配置格局的对策建议。

第 2 章　我国水资源配置现状与问题

2.1　水资源特征

我国多年平均水资源总量为 2.8 万亿 m^3，列世界第 6 位，但单位土地面积水资源量仅为世界平均的 83%。因人口众多、土地广阔，我国人均、亩均水资源占有量均很低，人均占有水资源量约为 2000m^3，世界排名第 121 位，不足世界平均水平的 1/3；耕地亩均占有水资源量约为 1440m^3，约为世界平均水平的一半。我国地处亚欧大陆东侧，跨高中低三个纬度区，受季风与自然地理特征的影响，南北、东西气候差异很大，水资源总体上呈现时空分布极不均衡的特征。

2.1.1　空间分布不均

我国降水受地理位置及季风气候区、特殊的三大阶地等因素控制，呈现南多北少、东多西少的分布特征。影响我国大部分地区降水的是来自西太平洋的东南季风和来自印度洋、孟加拉湾的西南季风，雨季随这两种季风的进退而变化，降水在空间分布上极其不均。我国多年平均降水量（1956～2000 年系列）为 643mm，但东南沿海地区年降水量可以超过 2000mm，西南部分地区、长江中下游地区大部分超过 1000mm，淮河流域为 800～1000mm，华北和东北平原为 500～600mm，而西北沙漠区年降水量不足 25mm。

从分区上看，松花江区、辽河区、海河区、黄河区和淮河区 5 个水资源一级区年平均降水量为 537mm，占全国降水量的 23%；西北诸河区年平均降水量为 161mm，占全国降水量的 9%；长江区（含太湖流域）、东南诸河区、珠江区、西南诸河区 4 个水资源一级区年平均降水量为 1213mm，占全国降水量的 68%。

由于河川径流主要来自降水，我国水资源分布与降水分布基本相似，加之地形条件等因素的影响，呈东南多、西北少的态势。径流深由东南沿海向西北内陆递减，分布不均。根据全国水资源综合规划评价（1956～2000 年系列）成果，全国多年平均径流深为282mm，各省级行政区①降水深和径流深分布如图2-1所示。从流域分区上看，松花江区、辽河区、海河区、黄河区和淮河区5个水资源一级区年平均径流深为118mm；西北诸河区年平均径流深为35mm；长江区（含太湖流域）、东南诸河区、珠江区、西南诸河区4个水资源一级区年平均径流深为666mm。

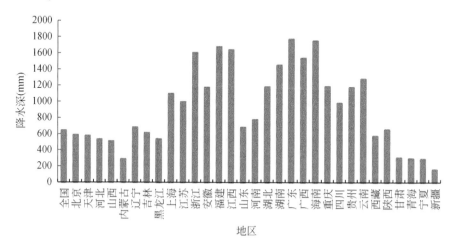

(a)降水深

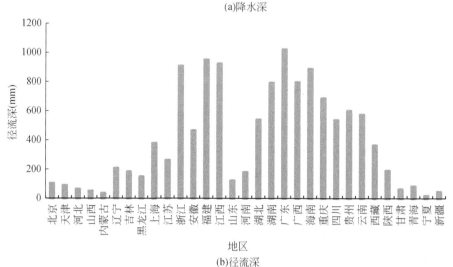

(b)径流深

图2-1 各省级行政区多年平均降水深、径流深分布

对比降水深，径流深的分布除了受降水的影响以外，还受下垫面条件以及人

---

① 本书研究暂不含港澳台地区。

类活动等多种因素的影响。因此，其分布趋势基本上与降水量相似，也是由东南向西北递减，但其不均衡程度比降水量更为突出。

　　根据全国水资源评价成果，1956～2000 年系列的全国水资源总量为 28 412 亿 m³。其中，地表水资源量为 27 388 亿 m³，地下水资源量为 8218 亿 m³，地下水资源量与地表水资源量的不重复计算水量为 1024 亿 m³。北方地区多年平均年水资源总量为 5267 亿 m³，占全国的 18.5%；南方地区多年平均水资源总量为 23 145 亿 m³，占全国的 81.5%。我国水资源总量的地区分布为南方多、北方少，山区多、平原少。我国南方地区水系发达，水量丰沛，人均水资源占有量接近 3000m³；北方地区整体上干旱少雨，人均水资源占有量不足 1000m³，低于国际公认的重度缺水标准（≤1000m³）。

2.1.2　时间分布不均

　　降水径流的时间分布与气候类型密切相关，南北方存在较明显的差异。一般来说，我国南方属于低纬度湿润地区，降水量较多，雨季降水集中，气温高，蒸发量大，水循环强烈；北方则属于高纬度地区，冰雪覆盖期长，气温低，水循环弱。而西北干旱地区降水稀少，蒸发能力大，但实际蒸发量小，水循环也较弱。从降水的年内分布看，全国 47% 的降水集中在夏季，冬季降水量仅占 8%。北方地区呈现更不均匀的趋势，夏季降水占 62% 以上，而用水需求最高的春季降水仅为 16%，如图 2-2 所示。

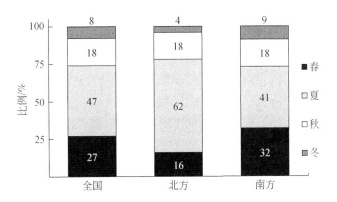

图 2-2　降水的年内分配比例

　　从全国范围看，汛期降水超过 70% 的区域占陆地面积 70% 以上，绝大多数的北方地区和西南地区均处于该范围内。南北方城市年内降水过程不均匀性均远高于欧洲城市，如图 2-3 所示。

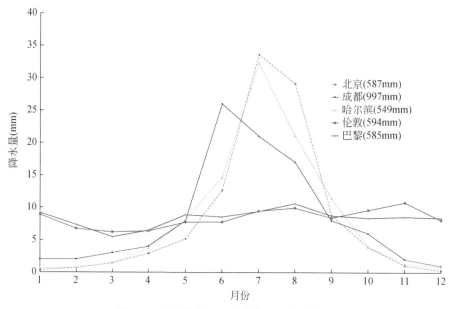

图 2-3　国内外典型城市降水量年内分布图

降水的年际变化随季风出现的次数、季风的强弱及其夹带的水汽量在各年有所不同。我国各地年最大降水量和年最小降水量的比值相差较大,西北地区(除新疆西北山地外)一般大于 8,华北地区为 4~6,东北地区为 3~4,南方地区为 2~3,西南地区小于 2。受降水年际变化影响,我国河川径流年际变化总体偏大,南北差异也较为明显,北方地区年径流极值比(最大径流量与最小径流量的比值)为 4~7,一些支流可达 10,不利于水资源的开发利用。长江以南各河流的年径流极值比一般小于 5。同一地区,径流量大的河流变幅一般小于径流量小的河流,因此上游山区、海岛以及沿海独流入海区的径流量年际变化大。

我国降水量和径流量在年内分配上的不均匀以及年际变化大导致了水资源在时间分配上极其不均匀,容易造成旱涝灾害,对水资源的开发利用也极为不利。年际间的降水量变化大,导致年径流量变化大,因而时常出现连续丰水年和连续枯水年。

2.1.3　水资源演变情势

根据《中国水资源公报》成果,2001~2020 年全国平均降水深和径流深分别为 642mm 和 276mm,如表 2-1 及图 2-4 所示。相对全国水资源综合规划评价结果(平均降水深和径流深分别为 650mm 和 288mm),降水基本持平，但径流深有所减少，水资源总量也相应减少，说明人类活动和下垫面变化导致产流机制产生一定的变化，同时气候变化导致极端天气增加，降雨径流关系发生变化，水资源量尤其是可控制利用的水量有所减少。

表 2-1　2001~2020 年全国降水及水资源量

年份	降水深（mm）	降水量（亿 m³）	径流深（mm）	地表水资源量（亿 m³）	地下水资源量（亿 m³）	不重复量（亿 m³）	水资源总量（亿 m³）
2001	612	58 122	273	25 933	8 390	935	26 868
2002	660	62 610	287	27 243	8 697	1 012	28 255
2003	638	60 416	276	26 251	8 299	1 210	27 460
2004	601	56 876	243	23 126	7 436	1 003	24 130
2005	644	61 010	284	26 982	8 091	1 071	28 053
2006	611	57 840	256	24 358	7 643	972	25 330
2007	610	57 763	255	24 243	7 617	1 013	25 255
2008	655	62 000	278	26 377	8 122	1 057	27 434
2009	591	55 965	243	23 125	7 267	1 055	24 180
2010	695	65 850	314	29 798	8 417	1 109	30 906
2011	582	55 133	234	22 214	7 215	1 043	23 257
2012	688	65 150	299	28 373	8 296	1 156	29 529
2013	662	62 674	283	26 840	8 081	1 118	27 958
2014	637	60 325	276	26 264	7 745	1 003	27 267
2015	661	62 569	283	26 901	7 797	1 062	27 963
2016	725	68 672	329	31 274	8 855	1 193	32 466
2017	665	62 936	293	27 746	8 310	1 015	28 761
2018	683	64 618	278	26 323	8 247	1 139	27 463
2019	651	61 660	296	27 993	8 192	1 048	29 041
2020	707	66 899	321	30 407	8 554	1 198	31 605
平均	649	61 454	280	26 589	8 063	1 071	27 659

注：数据源自《中国水资源公报》。

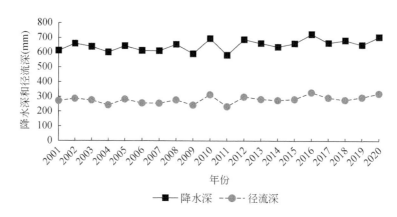

图 2-4　2001~2020 年全国平均降水深和径流深变化趋势

从上述数据可以看出，2000 年之后全国降水量和水资源量呈现阶段性变化，2001~2010 年各分区降水量和水资源量总体低于均值，如图 2-5 所示。而 2010 年后降水有所增加，水资源量也相应增加。从不同流域和区域分析，降水和径流变化的不均衡性更为明显，西北诸河区和淮河区总体降水量和径流量呈现明显增加趋势，尤其是西北内陆地区受气温升高、冰川融雪径流增加影响，水资源量增加比例更大。长江流域等南方区域均值变化不显著，但部分地区峰值抬升。海河区和松辽流域降水径流均呈现明显下降趋势，尤其是 2001~2010 年属于典型

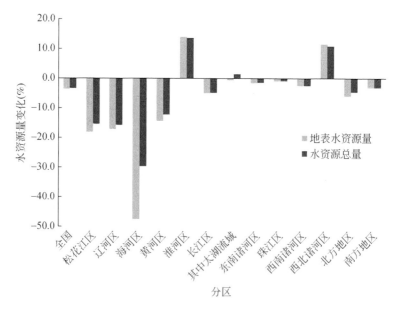

图 2-5　2001~2010 年各分区水资源量与多年均值比较

的连续枯水段，其中海河区降水减少8%，径流减少超过40%，水资源总量减少接近30%，说明气候变化和人类活动双重影响下的水资源衰减加剧。黄河区也呈现明显下降趋势，其水资源量下降幅度超过10%。上述水资源衰减的变化趋势更多地出现在除西北诸河区和淮河区以外的北方缺水地区，使得水资源与经济社会的布局呈现更大的偏差。

2.2 水资源分布与经济社会发展关系

我国的水资源分布与人口、耕地的分布极不适应，与生产力布局不相匹配。2020年，我国南方土地面积占36%，人口占59%，耕地占40%，GDP占60%，水资源占81%；北方土地面积占64%，人口占41%，耕地占60%，GDP占40%，水资源仅占19%。北方人均水资源占有量仅为南方的1/3，其中人均水资源占有量最高的珠江流域为人均水资源占有量最低的海河流域的12倍。

本书引入水资源分布基尼系数，量化我国水资源禀赋和各经济要素的匹配程度，并采用梯形面积计算方法，其计算公式如下：

$$G = \left| 1 - \sum_{i=1}^{n} (x_i - x_{i-1})(y_i + y_{i-1}) \right| \tag{2-1}$$

式中，x_i 表示第 i 个地区的水资源量（或供水量）累计百分比；y_i 表示各经济发展要素的累计百分比；当 $i=0$ 时，(x_i, y_i) 视为 $(0, 0)$。按照国际惯例，以基尼系数0.4作为分配贫富差距的"警戒线"，在此也采用该划分方法，即基尼系数在0.2以下，表示我国水资源分布与经济发展要素的"高度匹配"或"绝对匹配"关系；基尼系数介于0.2~0.3，表示"相对匹配"；基尼系数介于0.3~0.4，表示"比较匹配"；基尼系数介于0.4~0.5，表示"不匹配"；基尼系数在0.5以上表示"极不匹配"。

选取全国31个省（自治区、直辖市）作为评价对象，并按照地理分区将其划分为七大区域（表2-2）。分别采用各区域水资源量来衡量各区域水资源分布与经济发展要素的匹配性。

表2-2 中国七大地理分区

区域	省（自治区、直辖市）
华北地区	北京、天津、河北、山西、内蒙古
东北地区	辽宁、吉林、黑龙江
华东地区	山东、江苏、安徽、浙江、福建、上海、江西
华中地区	湖北、湖南、河南

区域	省（自治区、直辖市）
华南地区	广东、广西、海南
西北地区	宁夏、新疆、青海、陕西、甘肃
西南地区	四川、云南、贵州、西藏、重庆

用水资源-经济社会要素不平衡指数量化水资源分布与经济发展要素的空间不平衡程度，以单位水量对应土地面积、灌溉面积、区域生产总值和支撑的人口数量作为匹配分级指标，并按分级指标从低到高将各行政区排序。为了详细说明此特性，以 2020 年相关数据为例进行分析，我国各省（自治区、直辖市）水资源分布和供水情况如表 2-3 所示，全国水资源-经济要素的基尼系数计算结果如表 2-4 所示。

表 2-3 2020 年各省（自治区、直辖市）水资源和经济社会要素分布

区域	人口 （亿人）	GDP （万亿元）	土地面积 （万 km²）	灌溉面积 （亿亩）	水资源总量 （亿 m³）	供水总量 （亿 m³）
北京	0.2	2.41	1.7	0.02	35.1	38.8
天津	0.13	1.73	1.2	0.05	18.9	27.2
河北	0.74	3.08	19	0.61	208.3	182.6
山西	0.37	1.25	16	0.27	134.1	75.5
内蒙古	0.26	1.8	118	0.42	426.5	190.3
辽宁	0.45	2.13	15	0.24	331.6	135.4
吉林	0.28	1.44	19	0.3	488.8	132.5
黑龙江	0.4	1.49	46	0.86	843.7	352.6
上海	0.24	2.65	0.6	0.03	61	104.8
江苏	0.81	7.35	10	0.66	741.7	577.4
浙江	0.56	4.49	10	0.23	1323.3	181.1
安徽	0.62	2.33	14	0.61	1245.2	290.7
福建	0.37	2.76	12	0.16	2109	189.1
江西	0.46	1.77	17	0.3	2221.1	245.4
山东	0.99	6.48	16	0.8	220.3	214
河南	0.97	3.88	17	0.76	337.3	227.6
湖北	0.59	3.12	19	0.43	1498	282
湖南	0.68	3.02	21	0.41	2196.6	330.4

续表

区域	人口 （亿人）	GDP （万亿元）	土地面积 （万 km²）	灌溉面积 （亿亩）	水资源总量 （亿 m³）	供水总量 （亿 m³）
广东	1.08	7.68	18	0.28	2458.6	435
广西	0.48	1.76	24	0.24	2178.6	290.6
海南	0.09	0.39	3.4	0.03	489.9	45
重庆	0.3	1.7	8.2	0.07	604.9	77.5
四川	0.83	3.16	49	0.38	2340.9	267.3
贵州	0.36	1.13	18	0.16	1066.1	100.3
云南	0.48	1.44	39	0.27	2088.9	150.2
西藏	0.03	0.11	123	0.04	4642.2	31.1
陕西	0.39	1.85	21	0.19	271.5	90.8
甘肃	0.26	0.69	43	0.2	168.4	118.4
青海	0.06	0.25	72	0.03	612.7	26.4
宁夏	0.07	0.3	6.6	0.08	9.6	64.9
新疆	0.23	0.93	166	0.78	1093.4	565.4

注：数据源自《中国统计年鉴 2021》、《中国水资源公报 2020》和《2017 年行政区划统计表》。

表 2-4　全国水资源-经济社会要素基尼系数

指标	土地面积	灌溉面积	人口	GDP
水资源量	0.733	0.424	0.645	0.418
供水量	0.448	0.327	0.789	0.579

2.2.1　水资源与土地资源分布

我国单位水资源量对应的土地资源量，如图 2-6 所示。从水资源量-土地面积基尼系数看，该系数大于 0.5，说明我国水资源自然分布与土地资源处于"极不匹配"的状态。我国华中、华南和西南三个区域，土地面积约占全国土地面积的 35.0%，而水资源量占全国水资源总量的 61.3%；尤其是华南地区，土地面积仅占全国土地面积的 4.7%，水资源量占全国水资源总量的 15.8%；而西北地区的面积约占全国陆地面积的 32.3%，水资源量占全国水资源总量的 6.6%，干旱缺水的生态环境，严重制约了西北地区的发展。

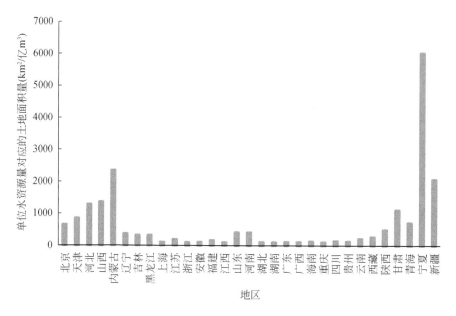

图 2-6　2020 年单位水资源量对应的土地面积量

我国单位水资源量灌溉的耕地面积量，如图 2-7 所示。从水资源量–灌溉面积基尼系数看，该系数大于 0.45，说明我国水资源自然分布与灌溉面积处于

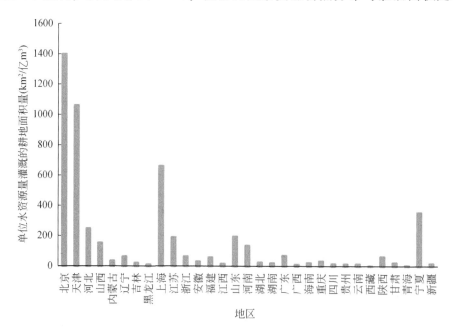

图 2-7　2020 年单位水资源量灌溉的耕地面积量

"不匹配"的状态。长江以北，耕地面积占全国耕地面积的 64%，而水资源量仅占全国水资源总量的 19%，尤其是黄河区、淮河区、海河区、辽河区等重要农耕地区，耕地面积占全国耕地面积的 42%，水资源量仅占全国水资源总量的 9%，河流径流量占全国河流径流量的 8%。相反，我国西南诸河区，土地面积占全国土地面积的 10%，耕地面积仅占全国耕地面积的 1.7%，但水资源量占全国水资源总量的 21%。

通过水资源配置，一定程度上改善了水资源与经济社会的分布差异度，供水量–土地面积、供水量–灌溉面积的基尼系数都有所下降，供水量与土地面积的基尼系数下降至 0.327，达到"相对匹配"的状态，说明水资源配置提高了我国水资源与经济要素之间的匹配程度，但供水量与土地面积的基尼系数仍有 0.448，还处于"不匹配"状态。

2.2.2　水资源与人口分布

我国单位水资源量对应人口数量如图 2-8 所示。水资源量–人口基尼系数高达 0.645，说明我国水资源与人口分布处于"极不匹配"的状态。在环渤海、长江三角洲区域，京、津、冀、鲁、苏、沪、浙集聚了全国 27.3% 的人口，水资源量仅占全国水资源总量的 8.0%；而云南、贵州、西藏人口仅占全国人口的 6.2%，水资源量占全国水资源总量的 24.0%。

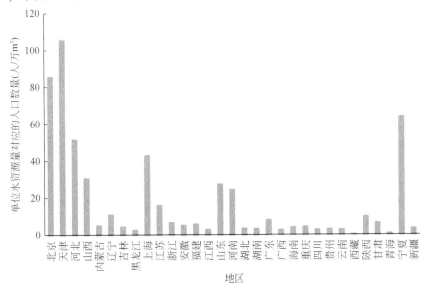

图 2-8　2020 年单位水资源量对应的人口数量（人/万 m³）

在水资源配置后，供水量–人口基尼系数有所上升，达到 0.789，说明在我国城市化进程中，人口向经济发达区域集聚的速度高于水资源调节能力。我国各地的水资源配置向城市倾斜的政策极为普遍，使城市供水保障程度更高，相对于小城镇和农村发展优势更为突出，吸引着产业的集聚和周边的大量人口涌入，获得更多发展的机会和更快的规模增长，显现出供水量–人口匹配性较水资源量–人口匹配性下降的态势。

2.2.3 水资源与 GDP 分布

我国单位水资源量对应的 GDP 如图 2-9 所示。

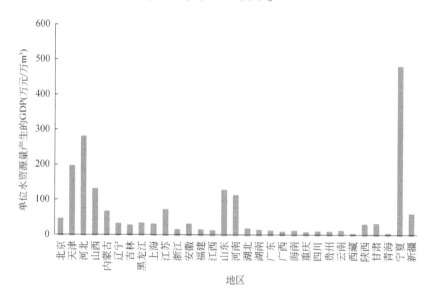

图 2-9　2020 年单位水资源量产生的 GDP

水资源量–GDP 分布基尼系数达 0.418，说明我国水资源与 GDP 分布处于"不匹配"的状态。北京、天津、上海水资源量仅占全国水资源总量的 0.35%，三地区 GDP 占全国 GDP 的 8.8%；而西南区水资源量占全国水资源总量的 33.1%，但其 GDP 仅占全国 GDP 的 10.1%。

在水资源配置后，供水量–GDP 基尼系数为 0.579，说明我国供水与 GDP 分布处于"极不匹配"的状态。在经济的快速发展和市场化为主的水资源配置方式下，单位 GDP 用水的差距甚至高于水资源量分布的差距，严重制约了我国可持续发展能力。

此外，我国能源资源和水资源呈逆向分布。煤炭开发和加工利用需要大量的水，一般来说，开采过程中的某些环节，如洗煤，不仅耗水多，而且还产生大量洗煤污水。水资源和煤炭资源分布均以昆仑山—秦岭—大别山一线为界，该线以北地区的煤炭资源占全国的 90.3%，以南地区只占 9.7%；水资源分布则刚好相反。生产量占全国 90% 以上的矿区均位于严重干旱缺水的西北、东北、山西、内蒙古以及豫西地区，国内 86 个重点矿区有 71% 的矿区缺水，其中 40% 的矿区严重缺水，我国已探明的石油、天然气资源和现已开发的油气田主要分布于较为缺水的东北、西北和华北地区。干旱、半干旱地区的塔里木、准噶尔、柴达木、鄂尔多斯及二连浩特等主要油气资源地都存在水资源短缺问题。因此，只有彻底解决北方缺水地区，尤其是重点能源基地的水资源短缺问题，才能有力保障未来发展的能源安全。

2.2.4 水资源与社会经济布局的匹配关系分析

水资源与 GDP、人口、灌溉面积的分布不相适应的特点，使得我国各地对水资源的开发利用程度也存在较大差别。在南方多水地区，开发利用程度较低，而在北方干旱少水地区，地表水和浅层地下水的开发利用程度较高。为了反映我国水资源禀赋的区域差异性、与经济社会发展要素的协调关系和时空分布特征，引入城镇化不平衡指数，提出水资源-经济社会发展要素不平衡指数，衡量某区域水资源对该区域经济发展要素的协调程度（用 I 表示），其计算公式为

$$I = 10 \sqrt{\sum_{i=1}^{n} \sqrt{2} \left(a_i - b_i \right)^2 / 2n} \qquad (2\text{-}2)$$

式中，n 为区域数；a_i、b_i 分别为 i 区域水资源量和其他经济社会发展要素占全国的比例。a_i 和 b_i 差异越小，I 的值越小，反映这两组指标相对较为平衡；反之，两者的值差异越大，则不平衡性越突出。

人类经济发展历史表明，水资源丰富地区人口相对集中，因此，两者之间存在一定的正相关联系和一致性。东北、西北和华南的不平衡指数均低于全国平均水平，属于水资源分布与人口相对协调地区；而西南的不平衡指数较大，属于水资源分布与人口相对不协调地区，如表 2-5 所示。

表 2-5 各地理区域水资源-经济社会发展要素不平衡指数

指数	华北	东北	华东	华中	华南	西北	西南	全国
I_g	0.205	0.095	0.408	0.242	0.622	0.119	0.574	0.330
I_p	0.209	0.114	0.293	0.306	0.164	0.126	0.543	0.295
I_i	0.251	0.311	0.349	0.345	0.316	0.194	0.560	0.348

注：I_g 代表水资源-GDP 不平衡指数，I_p 代表水资源-人口不平衡指数，I_i 代表水资源-灌溉面积不平衡指数。

2.3 现有格局

2.3.1 供用水格局

(1) 供水设施

中华人民共和国成立后，以治淮为先导，全国开展了海河、黄河、长江等大江大河的治理，建成一大批重要水利工程，供水基础设施持续完善，基本满足了国民经济发展的需要。截至2020年，各水资源一级区的水利工程建设状况见表2-6。

表2-6　各水资源一级区水利工程建设状况

分区	水库			水闸（处）	机电井		
	座数（座）	总库容（亿 m³）	总库容/地表水资源量（%）		总数（万眼）	其中配套机电井	
						眼数（万眼）	装机容量（万 kW）
全国	98 566	9 306	30.6	103 474	541.4	494.8	5 404.8
松花江区	2 409	574	29.4	2 075	62.4	56.9	564.4
辽河区	1 154	490	104.2	1 997	32.1	30.6	355.4
海河区	1 622	336	276.5	7 492	153.7	145.4	1 412.6
黄河区	3 034	879	110.4	2 909	59.5	55.4	788.1
淮河区	9 362	395	37.9	23 448	191.1	168.0	1 465.3
长江区	52 821	3 658	28.7	41 143	22.1	19.8	341.5
东南诸河区	7 852	638	38.3	7 207	2.4	1.6	35.0
珠江区	16 351	1 495	32.1	10 858	4.0	3.4	79.5
西南诸河区	2 936	598	10.4	254	0.1	0.1	10.1
西北诸河区	1 025	243	20.0	6 091	14.0	13.6	352.9

注：数据来源于《中国水利统计年鉴2021》，水库、水闸统计采用2020年数据，机电井统计采用2011年数据。

至2020年，全国已建成大、中、小型水库共98 566座，总库容9306亿 m³。其中，大型水库744座，总库容7410亿 m³，占全部水库库容的80%。全国总库容已占多年平均河川径流量的34%，对年内和年际的河川径流调节起到了很好的效果，在供水、发电、防洪等方面发挥了重要作用，但相对于发达国家的水库工程控制能力，我国仍有一定差距。如美国目前虽然水库数量比我国略少，但总库容达到了1.4万亿 m³，占多年平均河川径流量的50%，明显高于我国的水平，对于提高水量调蓄、增强供水安全保障起到了不可替代的作用。

我国的水库分布呈现明显的区域差异性，加之水资源分布不均，呈现数量和库容南方占优、调控能力北方更强的特点。长江区水库数量最多，占全国总数的53.6%，其次是珠江区和淮河区，分别占全国的16.6%和9.5%。长江区水库总库容也最大，占全国总量的39.3%，其次是珠江区和黄河区，分别占全国的16.1%和9.4%。水库总库容超过当地多年平均河川径流量的一级区有海河区、黄河区和辽河区，这3个水资源一级区本地地表水相对较少，水库对当地地表水的调控能力相对较高；水库总库容占当地多年平均河川径流量比例最小的一级区为西南诸河区，仅为10.4%，对当地地表水的调控能力相对较弱。长江区水闸数量最多，占全国总数的39.8%，其次是淮河区和珠江区，分别占全国的22.7%和10.5%左右。地下水供水机电井在淮河区和海河区较为集中，分别占全国的35.3%和28.4%，其次是黄河区和松花江区，均占全国的11%左右。

（2）供水量

2020年全国供水总量为5812.9亿 m^3，占当年水资源总量的18.4%。其中，地表水源供水量为4792.3亿 m^3，占供水总量的82.4%；地下水源供水量为892.5亿 m^3，占供水总量的15.4%；其他水源供水量为128.1亿 m^3，占供水总量的2.2%。此外，全国海水直接利用量为1722.3亿 m^3，主要作为火（核）电的冷却用水。全国总体上呈现地表水供水为主的特点，地下水利用主要在北方地区。2020年水资源一级区供水量见表2-7。

表 2-7 2020 年各水资源一级区供水量 （单位：亿 m^3）

分区	地表水源供水量		地下水源供水量		其他水源供水量	总供水量	海水利用量
	总量	跨流域调水	总量	深层水			
全国	4792.3	228.3	892.5	34.7	128.1	5812.9	1722.3
松花江区	276.1		168.1	2.3	4.9	449.1	
辽河区	88.8		95.2	0.6	7.0	191.0	498.0
海河区	192.5	109.6	147.8	17.6	31.7	372.0	39.5
黄河区	263.7	0.5	110.5	1.7	18.5	392.7	
淮河区	438.2	102.8	141.2	10.7	21.5	600.8	172.2
长江区	1891.0	12.0	40.3	0.4	26.3	1957.6	123.0
东南诸河区	287.2		3.6	0.0	4.3	295.1	351.3
珠江区	741.4	0.6	23.9	1.4	7.6	772.9	538.4
西南诸河区	100.8		4.2		1.0	106.1	
西北诸河区	512.5	2.7	157.8		5.3	675.7	

注：1. 数据来源于《中国水资源公报2020》；2. 跨流域调水指水资源一级区之间的调水；3. 其他水源供水量包括再生水厂、集雨工程、海水淡化设施供水量及矿井水利用量。

在地表水源供水量中,蓄水工程供水量占 32.9%,引水工程供水量占 31.3%,提水工程供水量占 31.0%,水资源一级区间调水量占 4.8%,各水资源一级区不同类型地表水供水比例如图 2-10 所示。在地下水供水量中,浅层地下水占 95.7%,深层承压水占 3.9%,微咸水占 0.4%。在其他水源供水量中,再生水利用量占 85.0%,集雨工程利用量占 6.2%。在各水资源一级区中,长江区供水量较大,约占全国供水量的 34%,西南诸河区供水量较小,约占全国的 2%,水资源一级区供水量占全国总供水量比例见图 2-11。

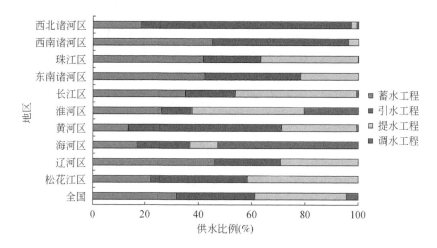

图 2-10 2020 年全国地表水源供水比例组成

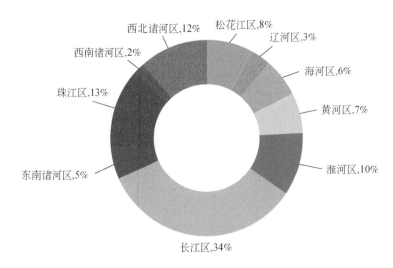

图 2-11 2020 年各水资源一级区供水量占全国总供水量比例

按我国南北方地区统计，2020 年南方地区供水量为 3131.6 亿 m³，占全国总供水量的 53.9%；北方地区供水量为 2681.3 亿 m³，占全国总供水量的 46.1%。北方地区供水量约相当于多年平均年水资源总量的 53.5%，个别流域供水量甚至超过了水资源总量。南方 4 区均以地表水源供水为主，其供水量占总供水量的 96% 以上；北方 6 区供水组成差异较大，除西北诸河区地下水供水量只占总供水量的 23.4% 外，其余 5 区地下水供水量均占有较大比例，其中海河区和辽河区的地下水供水量分别占总供水量的 37.6% 和 49.8%，见图 2-12。

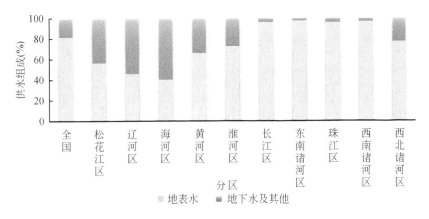

图 2-12 2020 年各水资源一级区供水量组成

（3）用水量

2020 年全国用水总量为 5812.9 m³，其中，生活用水 863.1 亿 m³，占用水总量的 14.9%；工业用水 1030.4 亿 m³，占用水总量的 17.7%；农业用水 3612.4 亿 m³，占用水总量的 62.1%；人工生态环境补水 307 亿 m³，占用水总量的 5.3%，如表 2-8 所示。此外，全国海水直接利用量为 1722.3 亿 m³，主要作为火（核）电的冷却用水，不计入用水总量之中。

表 2-8 2020 年各水资源一级区用水量　　　　　　（单位：亿 m³）

分区	耕地灌溉	林牧渔畜	工业		城镇生活	农村生活	城乡环境	河湖补水	总用水量
			总量	直流火（核）电					
全国	3147.9	464.5	1030.4	470.3	675.0	188.1	109.4	197.6	5812.9
松花江区	358.1	14.6	28.5	10.8	20.5	7.3	1.0	19.2	449.1
辽河区	113.2	15.6	19.9	0.3	24.0	6.4	6.9	5.0	191.0
海河区	178.0	21.5	41.3	0.2	50.0	15.8	8.6	56.8	372.0
黄河区	229.5	33.1	46.3	0.0	40.1	13.2	12.0	18.4	392.7
淮河区	348.8	42.6	76.2	6.9	69.9	24.5	14.9	23.9	600.8

续表

分区	耕地灌溉	林牧渔畜	工业		城镇生活	农村生活	城乡环境	河湖补水	总用水量
			总量	直流火（核）电					
长江区	870.9	111.0	599.8	386.3	264.5	65.8	23.6	22.1	1957.6
东南诸河区	128.4	16.9	67.7	13.5	55.1	12.0	9.4	5.6	295.1
珠江区	406.7	65.6	127.7	51.9	128.3	32.0	10.8	1.9	772.9
西南诸河区	71.3	13.6	7.0		8.1	4.0	1.1	0.9	106.1
西北诸河区	443.0	130.0	16.1	0.4	14.5	7.1	21.3	43.8	675.7

注：数据来源于《中国水资源公报 2020》。

各水资源一级区由于自然和水资源条件、经济结构和用水水平等不同，用水结构差异也较大。其中，西北诸河区和松花江区生活用水占总用水量的比例较低，在 3%～7%，东南诸河区、珠江区和海河区较高，在 17%～23%。西北诸河区工业用水占总用水量的比例较低，仅为 2.4%，长江区和东南诸河区较高，在 30.6% 和 22.9%，其他水资源一级区一般在 6%～18%；西北诸河、松花江区和西南诸河区农业用水占总用水量的比例较高，分别为 84.8%，83.0% 和 80.0%，东南诸河区和长江区较低，分别为 49.2% 和 50.2%，其他水资源一级区一般在 53%～68%。

（4）用水效率

2020 年，全国耗水总量为 3141.7 亿 m^3，耗水率为 54.0%。其中，农业耗水量最大，占耗水总量的 74.9%，耗水率最高，达到 65.2%；工业耗水量 237.8 亿 m^3，占耗水总量的 7.6%，耗水率最低为 23.1%。2020 年，全国人均综合用水量 412m^3，万元 GDP（当年价）用水量 57.2m^3，耕地实际灌溉亩均用水量 356m^3，农田灌溉水有效利用系数 0.565，万元工业增加值（当年价）用水量 32.9m^3，城镇人均生活用水量（含公共用水）207L/d，农村居民人均生活用水量 100L/d。全国各水资源一级区主要用水效率指标见表 2-9。

表 2-9　2020 年各水资源一级区主要用水效率指标

分区	人均综合用水量（m^3）	万元 GDP 用水量（m^3）	耕地实际灌溉亩均用水量（m^3）	人均生活用水量（L/d）		农村居民	万元工业增加值用水量（m^3）
				城镇生活			
				总量	居民生活		
全国	412	57.2	356	207	134	100	32.9
松花江区	859	175.5	388	169	122	104	44.5
辽河区	369	62.9	283	183	122	112	21.7
海河区	247	34.7	170	138	91	84	15.7

续表

分区	人均综合用水量（m³）	万元GDP用水量（m³）	耕地实际灌溉亩均用水量（m³）	人均生活用水量（L/d）		农村居民	万元工业增加值用水量（m³）
				城镇生活			
				总量	居民生活		
黄河区	341	53.5	291	156	106	80	19.6
淮河区	294	43.1	217	157	110	82	16.9
长江区	427	53.2	399	249	157	108	52.9
东南诸河区	328	33.0	459	242	139	120	21.0
珠江区	372	51.1	679	259	167	122	26.4
西南诸河区	478	114.1	429	240	132	85	41.8
西北诸河区	1962	361.1	522	211	148	125	24.5

注：1. 数据来源于《中国水资源公报2020》；2. 万元GDP用水量和万元工业增加值用水量指标按当年价格计算；3. 本表计算中所使用的人口数字为年平均人口数；4. 本表中人均生活用水量中的城镇生活包括居民家庭生活用水和公共用水（含第三产业及建筑业等用水），居民生活仅包括居民家庭生活用水。

从分区来看，西北诸河区虽然降水、径流少，水资源短缺，但由于人口较少，农业占比高，人均用水量全国最高，为1962m³；其次是农业用水量较大的松花江区，人均用水量为859m³。海河区是全国人均用水量最低的区域，人均用水量仅为247m³。其余区域的人均用水量差异相对较小。从综合用水效率看则相反，西北诸河区和松花江区是全国万元GDP用水量最高的区域，而东南诸河区和海河区是最低的区域。灌溉和生活用水方面，珠江区为全国最高，海河区为全国最低。整体而言，海河区各类用水效率均为全国最高水平，说明流域缺水严重，倒逼产业节水水平提升，同时也存在水资源约束抑制了发展需求的情况。

随着经济水平提高、技术进步和水资源管理的加强，节水水平逐步提升，用水效率明显提高，全国万元GDP用水量和万元工业增加值用水量均呈显著下降趋势。在全国经济总量不断增加的同时，用水总量保持稳定，人均综合用水量基本维持在400~450m³。与国外对比，用水效率总体处于中上水平，高于大部分中等收入国家，但万元GDP用水量仍低于大部分发达国家。

（5）供用水变化趋势

根据供用水口径统一后的《中国水资源公报》数据，对全国及十个水资源一级区2003~2020年的供用水变化进行分析，其中2020年由于受疫情影响，出现了较为明显的下降。结果表明，全国用水总量呈现先增加后减小趋势，在2003~2013年用水量逐年增加，由4826亿m³增加至6183亿m³，处于持续增长阶段；在2013年后受节水水平提升和最严格水资源管理制度实施的影响，进入相对平稳状态，用水总量缓慢下降，到2020年已下降至5813亿m³。从供水结构看（图 2-13），在分水源供水占比中，地表水占比相对稳定，地下水占比逐步减小，再生水、雨水等其他水源占比逐年增大。从用水结构看（图 2-14），农业用水占比呈缓慢下降趋势，工业用水占比呈现先升后降趋势，2013 年后降幅明显，生活用水占比缓慢上升，生态环境用水占比逐年增加。

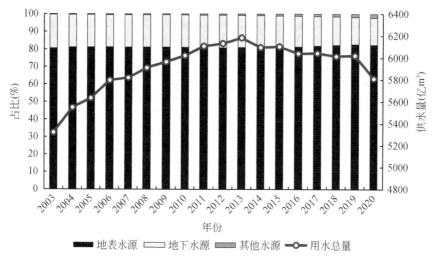

图 2-13　2003～2020 年全国分水源供水量变化

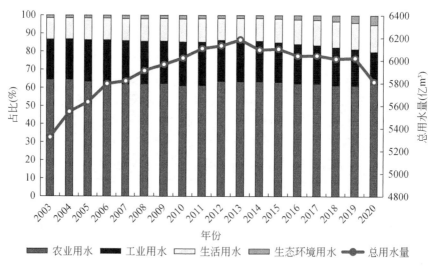

图 2-14　2003～2020 年全国分类用水量变化

图2-15和图2-16分别反映了水资源一级区供水和用水的总量和结构变化情况。可以看出,各区域受水资源条件变化和流域经济社会发展等影响,供水总量在前期总体增长后,后期呈现差异化变化特征。黄河区、淮河区、长江区和西北诸河区等区域呈现波动上升趋势,增幅逐步减小,近期出现下降趋势;松花江区、辽河区、东南诸河区、珠江区等区域供用水总量呈现先增后减趋势,在2011年前后达到最大值,其后用水总量逐年下降,珠江区下降趋势最为明显;西南诸河区、西北诸河区呈现较为明显的波动特征,总体仍然呈现上涨趋势;海河区供用水总量趋势与其他区域差异明显,呈现先增加后减少,然后低位平稳后再增加变化趋势。从供水结构看,除西南诸河区、西北诸河区地表水源占比持续下降外,其他区域地表水供水比例总体呈平稳上升趋势,其中以海河区占比增加明显;大部分区域地下水供水占比呈下降趋势,但西南诸河区和西北诸河区地下水供水占比有所上升;各区域的其他水源占比均呈增加趋势。从用水结构上看,生活用水占比相对稳定且总体上升,南方地区的占比上涨幅度更为明显,松花江区呈现较为明显的减少趋势;工业用水占比总体呈先增后减趋势,松花江区降幅最为明显,长江区相对较为稳定且有所上升,在其余各分区近期降幅较为明显;农业用水总体都呈现下降趋势,海河区降幅最大,而松花江区占比呈明显增加态势,辽河区基本保持稳定,长江区、珠江区、东南诸河区占比相对稳定降幅不大;生态环境用水均呈增加趋势。

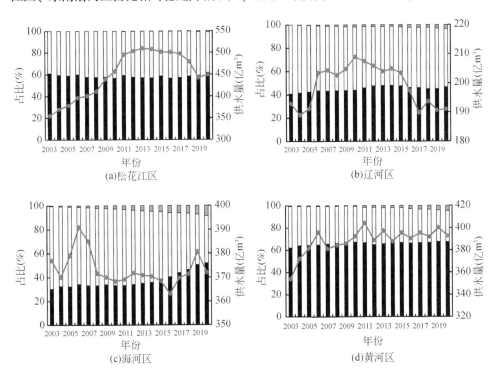

(a)松花江区　　　　　　　　　　(b)辽河区

(c)海河区　　　　　　　　　　(d)黄河区

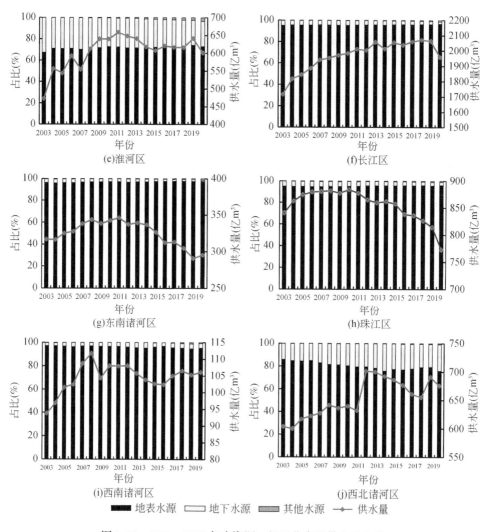

图2-15 2003～2020年水资源一级区分水源供水量变化

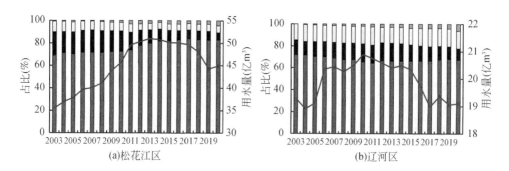

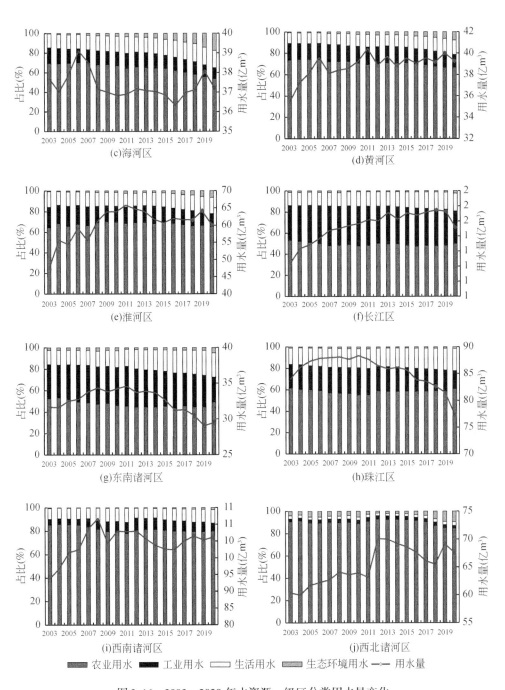

图 2-16　2003～2020 年水资源一级区分类用水量变化

分析各水资源一级区变化特征，可以看出供用水变化主要是受水资源条件、经济社会发展水平和模式、水利工程建设和节水水平等因素影响，尤其是生产用水受上述影响更为明显。不同阶段的发展变化趋势实际也体现了影响供用水的主要制约因素的变化。由于我国发展基础较为薄弱，大部分流域会经历"快速上升、波动、逐步稳定"的过程，不同流域可能在同一时期经历不同阶段。总体而言，早期由于生产力落后，社会生产不发达，用水需求未得到释放，用水变化主要受制于需求端；随着需求增加，水利工程开发能力不足成为制约用水增长的主要因素，出现明显的缺水甚至制约经济发展，而落后的水利工程建设不足以支撑用水需求，产生较为明显的供需矛盾。随着工程建设和调控能力提升，用水不断增长，资源条件和环境因素成为限制用水进一步增长的主要因素，满足用水需求的方式从外延式增长模式逐步调整为总量控制下的效率提升、结构优化模式，从而促进有限水资源得到优化利用。生产用水以外，生活生态用水也有自身的变化规律。随着经济发展，生活水平提升、用水标准提高，同时城乡均等化理念和服务能力得到提升，生活用水和生态环境用水总体呈现上升趋势。

从分区供用水变化趋势可以看出，北方地区的供用水变化较多受资源条件、工程能力制约。在经历需求推动和工程建设下的用水快速增长后，供用水量受到资源条件的约束和环境破坏负效应影响，增速放缓并逐步下降；在外调水以及非常规水源开发等措施带来水源条件改善后，供水量可能重新增长。从年度供用水过程看，黄河流域、西北地区仍然存在较为明显的资源约束，供用水受来水条件影响波动，实际仍然存在缺水；海河流域长期依赖地下水超采和外来调水支撑用水，资源条件变化影响已经不大，水资源管理政策和外来调水影响更为明显；而南方地区更多受工程条件、经济增长和发展模式等因素影响，在经历工程建设带来的用水需求释放促使水量增加后，水资源量的条件已经不是供用水变化的主要影响因素。工程能力在部分区域还存在一定影响，如西南地区在人均水资源量充沛的条件下，人均供水量不高，工业用水偏低，实际也存在需求未得到充分满足的缺水问题，未来需求还存在上升空间，但对多数地区而言，工程能力对用水变化的影响能力在逐步下降。影响用水变化更多的是经济发展模式和水污染等环境负效应因素，在经济发展水平提升和环保要求下，高耗水、高耗能产业以及落后产能的淘汰调整后，产业结构优化和用水效率提升使得产值增加的同时用水总量并未明显上升，甚至出现下降。因此，供水保障更多体现在质量提升，包括水质保障、特殊干旱和应急保障、环境改善以及区域均衡度提高等方面。

以海河流域为例，近40年其供用水量演变呈现较为典型的上升—波动下降—相对平稳再上升的三个阶段。第一阶段是2000年以前，社会经济快速发展加上水利工程建设推动用水快速持续增长，由于水资源条件限制，供水增量主要是加大地下水开采和增加引黄外调水，在20世纪90年代达到高峰；第二阶段是2000年以后，由于水源进一步衰减，过度水资源利用引发严重的生态环境问题，水循环的稳定健康受到严重破坏，地下水超采难以持续，同时引黄外调水也无进一步增长的空间，因此供水持续下降，产业发展也受到限制，客观上在严重缺水的同时也促进了节水水平大幅提高；第三阶段是2014年南水北调通水后，随着供水条件改善，部分刚性缺水得到满足，供水量有所回升，但幅度并不大。分析原因一方面在于南水北调充分发挥作用还需要一定时间，另一方面在于产业结构调整、节水技术的推广使得区域综合用水效率提高，产业用水增长驱动力并不明显。在供水总量小幅增加的同时结构逐步优化，非常规水源增加，使区域的生态用水得到改善，水循环健康程度提高。

未来通过国家水网等综合水源调控方式实现水资源的空间均衡调配后，经济发展和资源条件可以得到更好的匹配，区域间的供用水格局还将进一步优化调整，从全局角度推动丰水区域的资源开发、确保水资源薄弱地区开发强度控制在可承载范围内。

2.3.2 流域间水量调配

我国流域和区域间水资源开发利用程度差别很大，开发过度与开发不足并存，用水效率还有较大的提升空间。总体来看，我国现状的流域水资源配置格局起到了支撑经济社会发展的作用，但仍然存在水与社会经济要素不匹配的问题。黄淮海流域仍处于水资源超载状态，其中，华北平原涉及的北京、天津、河北、山西、山东、河南六省，面积占全国的7.3%，耕地占20%，人口占25%，GDP占25%，水资源总量仅占全国的4%，是我国水资源与人口、生产力布局最不匹配的区域，也是我国水资源供需矛盾最为尖锐的地区。辽宁、河北、山东、河南、吉林等粮食主产省，耕地亩均占有水资源量不足500m³，而福建、广东、海南、西藏、青海等省区亩均水资源量3000m³以上。通过跨流域调水缓解水资源与经济社会要素之间的不匹配关系是支撑国家战略的重要措施。

目前我国已实施多项跨一级水资源分区的调水工程，主要是黄河下游向其左、右两侧的海河区和淮河区调水，以及长江中下游向淮河区、黄河区和海河区调水。2003~2020年全国跨流域调水量呈增加态势（图2-17），在2019年达到最大值283.2亿m³。2020年水资源一级区之间跨流域调水量228.26亿m³，占总供水量的3.9%，见表2-10。其中，海河流域从长江、黄河分别引水56.14亿m³和53.49亿m³；淮河流域从长江、黄河分别引水57.53亿m³和45.26亿m³；长江流域从淮河、东南诸河、珠江和西南诸河分别引水6.17亿m³、4.87亿m³、0.27亿m³

和 0.70 亿 m³；西北诸河流域从黄河引水 2.69 亿 m³。

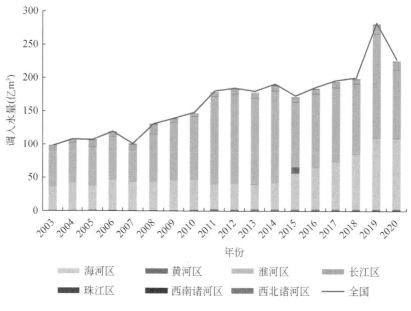

图 2-17　2003～2020 年水资源一级区调入水量分布

表 2-10　2020 年水资源一级区之间跨流域调水量　（单位：亿 m³）

调出区	调入区						合计
	海河区	黄河区	淮河区	长江区	珠江区	西北诸河区	
海河区		0.13					0.13
黄河区	56.14		45.26			2.69	104.09
淮河区				6.17			6.17
长江区	53.49	0.40	57.53		0.48		111.90
东南诸河区				4.87			4.87
珠江区				0.27			0.27
西南诸河区				0.70	0.14		0.84
合计	109.63	0.53	102.79	11.99	0.62	2.69	228.26

注：数据来源于《中国水资源公报 2020》。

　　可以看出，全国层面主要的调出水源为长江和黄河，主要的受水区域为海河区和淮河区，南水北调和引黄工程是跨区配置的骨干工程。图 2-18 和图 2-19 分别是黄河流域和长江流域 2003～2020 年调出水量变化过程图。可以看出，黄河流域调水量总体和受水区均比较稳定，调出水量呈现缓慢增长趋势，南水北调通水后对黄河流域调水未带来明显的影响。长江流域调出水量呈现明显的增长态势，主要受水区为淮河区，随着南水北调通水后海河流域的调入水量逐步上升，长江调出水量已逐步接近并超过黄河调出水量。综合分析长江和黄河向海河调水量变化过程，表明长江调水并未对引黄水量起到明显的置换效应，海河流域存在较大程度的缺水，包括地下水超采等不合理取用水，新增的调水量主要用于弥补原有的缺水量和不合理供水量。

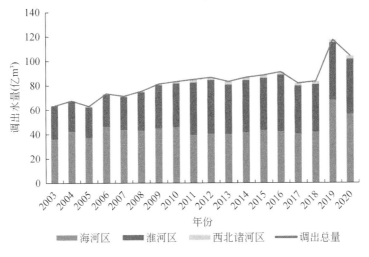

图 2-18　2003～2020 年黄河流域调出水量分布

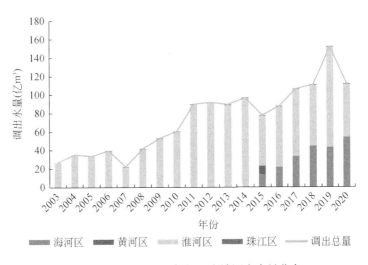

图 2-19　2003～2020 年长江流域调出水量分布

从全国层面看，随着跨流域调水工程的建设，跨流域调水量逐步增加。分析不同时期的跨水资源一级区的水量调入、调出关系图（图 2-20），表明在调水量增加的同时，调水关系也逐渐复杂化。在 2005 年，有调出水量的水资源一级区仅有 4 个，而 2020 年调出区水资源一级区增加到 7 个，接受调水的水资源一级区也从 4 个增加到 6 个。其中，长江区的调出关系最为复杂，以 2020 年为例既向海河区、黄河区、淮河区、珠江区四个水资源一级区调水，同时也接受淮河区、东南诸河区、珠江区、西南诸河区等 4 个水资源一级区的调入水量。不同调水线路的调水量也出现较为明显的变化，黄河区调出水量持续增加，长江区向淮河区的调水先增加再减少、向海河区的调水逐步增加。

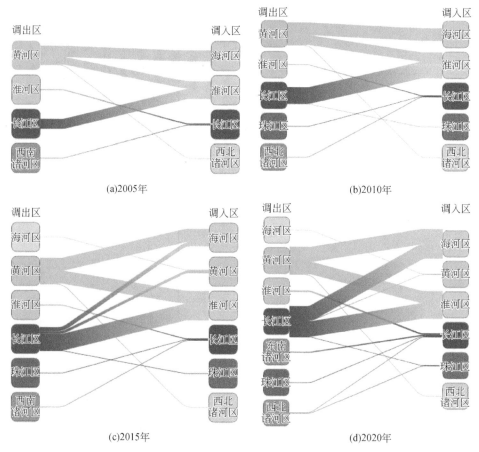

(a)2005年　　　　　　　　　　　　　(b)2010年

(c)2015年　　　　　　　　　　　　　(d)2020年

图 2-20　全国跨水资源一级区水量调入、调出关系图

从现有流域间水量调配关系看，黄淮海流域的水资源配置格局仍旧不合理。海河流域长期从黄河流域引水补给，形成了贫水流域接受贫水流域调水的不合理

局面。淮河流域水资源相对于黄河流域更为丰富，同时也具备从长江流域引水的条件，然而由于历史原因也从黄河流域引水，形成更不合理的丰水流域接受贫水流域调水的格局。随着南水北调东中线一期工程的建成，上述配置格局已经得到一些改变，但尚未完全消除。随着新的国家战略进一步推进，部分流域和区域水资源配置工程建设滞后于经济社会发展的需要，现有的流域水资源配置与宏观经济发展战略不相匹配的矛盾还会进一步加剧，增强流域间水源调配，改善水资源超载地区的供水状况是国家水资源配置战略的必然选择。

2.3.3　全国配置格局

根据我国水资源的分布特点、经济社会发展布局以及生态文明建设的总体要求，在全面节约、有效保护水资源的基础上合理开发水资源，以保障饮用水安全、粮食安全、能源安全、城市化与工业化发展以及生态保护与修复用水需求为重点，与东北老工业基地振兴、西部大开发、中部崛起和新农村建设相适应，通过全国、流域和区域各级水资源配置工程体系建设，我国基本形成了西水东流、南北调配的水资源配置格局。

全国水资源调配格局与我国的水资源和经济社会分布特征密切相关，全国层面的跨区水量调配主要是解决水与经济社会布局的协调关系。一方面我国大多数河流呈纬向分布，大部分地区河流走向为由西向东，人类经济社会活动和经济总量的产出主要集中在东部平原地区，东部地区的供水基本可从由西向东的河流得到满足。为提高对主要江河上中游地区的水资源调控能力，合理分配区域用水量指标，实现西水东用、东西协调发展，需加强对水资源调控能力的建设，提高对水资源时间变化的调控能力。东西方向重点是解决时间调配，在长江、黄河、珠江等上游建设骨干工程实现水量的年内、年际调节，与防洪、发电、航运等多目标结合，达到供水保障和综合利用的目的。另一方面，我国季风气候影响降水和径流总体呈南多北少格局，与人口土地布局不相匹配，呈现人口经济与水资源在东西和南北两个方向分布的不均衡。同时，水土资源分布不均衡，而南北方地区之间不能通过水量的自然流动来实现水资源调控，带来了流域间南北调配的巨大需求。因此在南北纵向通过跨区调水解决水资源与其他经济社会要素不匹配的问题。

受开发能力限制，跨流域调水的实施也经历了由近及远、从简单到复杂的过程，从早期相对便利的引黄供水等短距离区域调水，到长距离、大规模实施难度更大的南水北调，逐步形成了多类供水工程协调保障供给的格局。为了实现南北区域负荷均衡、空间均衡、代际均衡的国家水资源战略配置格局，国家以南水北调为骨干构建全国水网，通过兴建跨流域调水工程将纬向分布的河流予以经向沟通，将南方的长江水调入北方地区，提高北方地区的水资源承载能力。通过以南水北调东、中、西线为主线，结合"引汉济渭""引黄入海""引黄入淮""引江济淮"等调水工程，规划形成"四横三纵"为主、骨干水系互联互通的水资源配置格局，构建合理的供水网络，实现长江、黄河、淮河和海河四大流域水资源的联合调配。

2.4　水资源配置效益及存在的问题

水资源配置是解决我国水资源供需矛盾突出问题，实现水资源、经济社会、生态环境三大系统协同发展的重要手段。至 2020 年底，全国共修建了 9.8 万余座大中小型水库，总库容超过 9300 亿 m^3，发挥了巨大的防洪、灌溉、发电、供水、航运、养殖等综合效益。全国耕地灌溉面积达 10.4 亿亩，有效增加了我国粮食产量；供水量从 20 世纪 50 年代的 1031 亿 m^3 增加到近期最大的 6402 亿 m^3（2013 年），增长了约 5 倍。为了解决我国北方地区缺水问题，实施了举世瞩目的南水北调工程，最终调水规模为年均 448 亿 m^3，对缓解我国北方水资源严重短缺问题，促进南北方经济、社会与人口、资源、环境的协调发展发挥了重要作用。

通过水资源合理配置，我国水资源过度开发、水资源短缺、水污染严重和生态环境恶化等重大水资源问题对经济社会发展的瓶颈制约得到全面缓解，在保障水资源可持续利用的同时，支撑和保障经济社会发展的能力显著提高。在水资源利用效率和效益显著提高的同时，促进水体自我调节功能的恢复和增强，使我国水生态环境状况得到明显改善。通过对水资源的涵养和保护，在干旱年份和突发事件情况下水源条件将具有一定的保障，抗御特殊干旱和应对气候变化的能力得到显著提高。

中国共产党第十九次全国代表大会明确了新时期我国社会主要矛盾已经转化为人民日益增长的美好生活需要和不平衡不充分的发展之间的矛盾。随着经济社会的快速发展以及未来宏观经济发展总体战略的实施，我国水资源需求仍有一定增长空间，同时，我国产业结构和布局也将出现明显变化，特别是与水资源配置密切相关的经济发展布局和重要产业布局的变化，迫切要求水资源的保障并要求其配置格局要做出相应调整，这将对宏观水资源配置提出新要求、新任务、新挑战。从目前情况看，由于技术和管理上的局限性，水资源配置中还存在一些问题，主要包括以下几个方面。

2.4.1　水土均衡尚未完全实现

在现有工程的基础上，水资源与经济发展要素的匹配性有所改善，但水土均衡还没有完全实现。北方地区人多、地多、经济相对发达、水资源短缺;南方大部分地区人多、地少、经济发达、水资源相对丰富,这种组合格局使得水资源的供需矛盾十分突出。空间上水资源量荷载不均衡,局部地区水资源超载的问题也依然存在,根据全国水资源规划及中长期水供求计划等成果,全国缺水量超过 500 亿 m^3,黄河、淮河、海河、辽河水资源一级区缺水量占全国缺水量的 60% 以上。在今后相当长的时期里,水资源开发治理应站在全局战略的高度,从水资源特性和分布状况以及国内外水资源开发利用、保护和治理的经验教训出发,制订全国水资源开发利用、保护和管理的长远政策和战略部署。

2.4.2 城镇供水挤占农业、生态用水问题突出

在水资源严重短缺、水资源供需矛盾突出的地区,生活用水应优先保障,城镇供水挤占农业与生态用水有一定的必然性和合理性。经济效率优先的水资源配置方式为经济发展较快的地区提供了最基本的资源条件,然而已经凸显的区域经济发展差异和生态环境问题极大影响了经济发展的可持续性。在水资源紧缺的黄淮海平原大部分地区,水资源开发利用程度很高,河道外用水大量挤占河道内生态用水,尤其在海河及黄河流域内,河道径流严重衰减。我国正经历一个快速城镇化的过程,城镇化率 1980 年为 19.4%,2020 年达到 63.9%,1980~2020 年全国城镇用水量从 80 亿 m^3 上升到 630 亿 m^3。随着城镇化率的进一步提高,城镇用水量将继续呈刚性增长趋势,必然会导致水资源供需矛盾进一步加剧。城镇缺水向生态系统和农业灌溉用水转嫁,水资源过度开发导致的生态风险加剧。

2.4.3 地下水超采严重

近年来,随着我国人口的不断增长、国民经济的快速发展及城市化建设进程的不断推进,需水量持续增长。许多地区为了维系当地经济社会的持续发展,在当地地表水资源供给不足的情况下,长期超采地下水。地下水一直是华北地区的主要水源,地下水的长期大量超采导致了大面积区域地下水位持续下降、含水层疏干、地面沉降、海(咸)水入侵、土地沙化、水质恶化等问题,局部地区十分突出。以海河流域为例,截至南水北调通水前的 2013 年海河流域平原区浅层地下水累计超采 979.45 亿 m^3,水位平均下降 9.62m,长期大量超采地下水引发了一系列的生态及环境地质问题,严重制约了当地经济社会的可持续发展。未来需由过去地下水可开采量管理模式向地下水位控制与取水总量控制双控管理模式转变,合理发挥地下水的资源功能,有效修复和改善地下水的生态功能与环境功能。

2.4.4　退水的环境负面影响增加

水资源短缺与水环境污染相伴随行，海河、淮河、黄河、长江四大流域主要支流水污染严重。究其主要原因，一是 2006～2016 年，我国农业化肥使用量由 4927.70 万 t 上升到 7128.6 万 t（2016 年开始实现零增长）。在农作物生长过程中，由于作为化肥重要组成元素的氮、磷不能完全被植物所吸收，大部分流失到农田退水中，造成农田退水污染。二是由于我国水环境管理制度的种种问题，工业用水污染未能得到有效控制，2006～2016 年，我国工业用水量一直维持在 1400 亿 m³ 左右，废污水排放量逐年下降，从 246.6 亿 m³ 下降到 186.4 亿 m³，但工业废水排放量依然巨大。三是随着城镇化进程不断加快，大量人口向城镇集聚，大量生活污水排入河道。2006～2016 年，城镇生活污水排放量从 296.6 亿 m³ 上升到 535.2 亿 m³。此外，各地市污水处理设施及规模还相对不足，至 2014 年末，全国城市共用污水处理厂共有 1808 座，日处理能力为 13 088 万 m³，其中城市年污水处理总量为 401.7 亿 m³，城市污水处理率为 90.18%，但 2016 年我国再生水回用量仅为 59.2 亿 m³。未来需加大产业结构调整力度，在国家规定的水质改善型水污染控制单元，严格限制制浆造纸、印染、食品酿造、化工、皮革、医药等高耗水高污染产业的发展，逐步提高行业准入门槛，加大淘汰力度，强化企业水污染治理。同时，通过政策引导，推动再生水参与水资源统一配置。

2.4.5　水资源管理机制尚未理顺

我国流域水资源管理、开发、利用各环节实行的还是分散决策，未形成合力，缺乏有效的监管机制。流域和区域管理机构分别代表国家和地方行使职权，不存在行政上的隶属关系，只存在业务上的指导和监督关系，分别在宏观上和微观上实施管理。在流域内，上下游、左右岸、干支流的协调及水量调度、防汛抗旱、排涝治污以及水土保持、河道航运等方面，往往因为部门、地区之间利益冲突产生矛盾，导致管理混乱。通常区域和流域的规划已经有相关水资源配置的优化方案，但区域、行业管理条块分割，导致技术上合理的分配方案并不能实现，各种目标之间难以协调。此外，水权分配尚未落实市场化机制，合理的水资源配置很难推行，两手发力的配置思路还很难实现。

第3章 | 空间均衡的配置需求

3.1 水资源配置的新要求和特点

3.1.1 国内水资源配置的发展历程

国内水资源配置的研究和实践始于20世纪80年代。从"六五"国家科技攻关计划开始，针对不同阶段出现的问题，在国家总体战略引导下开展了不同类型的水资源配置理论方法与对策措施研究，形成了几个代表性的阶段。

1）就水论水配置阶段。"六五"国家科技攻关计划对华北地区水资源数量、地表水和地下水的国民经济可利用量进行了评价，为水资源配置奠定了基础。"七五"国家科技攻关计划中突出了"四水"转化机理分析和水资源合理利用，进行了"以需定供"模式下的地下水和地表水联合配置研究。相对于以往以水利工程尤其是以水库为主实施水量分配，这一阶段奠定了区域水量配置的理念，实现了流域水循环体系下的水量配置。在思路上，总体而言是"以需定供"模式，以解决经济社会发展用水需求支撑、用户水量配置最均衡等目标为主，通过配置为水利工程规划建设服务。这一阶段虽然形成了流域范围配置的概念，但仍然以水资源本身对确定性的用户分配为主，对于影响配置的社会经济因素缺乏互动性的分析。

2）宏观经济配置阶段。随着水资源开发利用与区域经济发展模式更为密切，"八五"国家科技攻关计划重点研究了水与国民经济的关系，提出了基于宏观经济的水资源合理配置方法，并针对华北地区构建了相应的模型系统。黄河流域和新疆北部地区也开展了类似应用研究，形成了水与经济发展协调关系下的配置模式。由于水资源配置涉及因素逐渐增多，系统分析方法逐渐被引入并成为研究重点，形成了水资源配置的大系统理论，将防洪、灌溉、供水等不同方面的边界条件和配置需求进行了统一分析。这一阶段的水资源配置目标主要是经济效益最大化，从社会经济整体出发将水作为资源条件，扩大了配置分析的范围，形成了水与经济的双向反馈机制，从而建立供需动态适应的水资源配置模式。

3）面向生态配置阶段。从 20 世纪 80 年代开始，水资源过度开发利用带来了各种生态问题。由于用水影响出现的河道水量衰减甚至断流、地下水位下降等水生态问题呈现全国性的蔓延趋势，生态水量配置成为社会共识的理念，尤其是在水资源紧缺条件下经济和生态的竞争用水关系是决定区域整体配置格局的关键问题。基于此，"九五"国家科技攻关计划针对水生态问题最为严峻的西北内陆河流域提出面向生态的水资源配置方法。首先确定国民经济和生态系统的合理用水比例，满足必需的生态用水，其次配置社会经济用水和最小生态需水以外的生态用水，通过协调区域发展模式和生态系统质量提出了水资源开发利用的合理阈值，支撑了国家西部大开发战略。

4）广义水资源配置阶段。"十五"国家科技攻关计划中提出了广义水资源配置，将大气有效降水、土壤水和再生水纳入水源范围，同时重视污水处理、中水回用等再生性水资源利用。在用户配置方式上，按照真实节水概念，逐步也考虑到对耗水（社会 ET）控制的优化配置，在综合考虑自然水循环天然耗水和社会水循环用水耗水的基础上，进行各区域、各部门 ET 的分配，确保区域总 ET（自然 ET 和社会 ET）不超过可消耗 ET 的要求。广义水资源配置理念较为超前，由于目前的水量配置工作一般基于现有的水资源评价口径开展，对于在现有评价体系之外的大气降水、土壤水等非常规水源缺乏相应的基础数据积累，因此在实际应用中还存在较大困难。

5）跨流域大系统配置阶段。南水北调工程是跨流域大系统配置研究的重要推动因素。由于南水北调涉及长江、淮河、黄河、海河四大流域，水量分配存在多水源、多用户、多阶段、多目标、多决策主体等复杂因素，水资源合理配置是确定工程规模的基础。为构建清晰可行的配置思路和定量方法，中国水利水电科学研究院在南水北调总体规划的论证中提出"三次平衡"的理论方法，为复杂大系统水量配置和规划分析提供了可行的分析途径。跨流域调水工程涉及调水区、受水区的水量分配，通常需要调水区与受水区所在流域整体进行系统模拟的网络概化和模型构建技术，分析调水的目标和相关约束条件，实现对水资源时间、空间和部门的分配。在突出生态文明建设的大前提下，调出区的不利影响，特别是生态环境方面的不利影响已经成为影响调水可行性和配置方案的核心问题。

6）量质一体化配置阶段。量质一体化配置源于实际需求，不同用户对水质的要求不同，从而推动了结合水质条件的水量配置。相关研究经历了水利工程水量水质联合调度、分质供水、联合模拟配置等不同阶段，从相对静态的分析向动态过程模拟递进，由单一工程调度向区域决策推进。

综上，国内水资源配置发展历程如图 3-1 所示。

阶段	配置理念与方法	研究基础	代表性研究成果	主要应用实例
就水论水配置	区域配置 以需定供	水资源评价 "四水"转化	地表水地下水联合配置模型	华北平原、胶东半岛、北京
宏观经济配置	多目标分析 系统工程 人工智能算法	优化算法 水源配置效益成本分析	宏观经济配置模型、多目标优化配置模型、基于遗传算法的配置模型	华北地区、黄河流域、邯郸、安阳
面向生态配置	生态需水与生态服务功能 博弈论	二元水循环 生态用水效益 生态经济均衡	西北地区生态水量配置、净效益最大配置模型、基于博弈的配置模型	西北内陆河流域、汉江流域、黄河流域、郑州、宜昌
广义水资源配置	全口径水源配置 耗水(ET)控制	全口径水资源评价 真实节水概念	广义水资源配置模型、目标ET计算方法、基于ET控制的配置模型	海河流域、宁夏、天津
跨流域大系统配置	复杂水资源系统模拟 系统仿真理论	三次平衡分析 外调水水价与工程运行机制	区际调水时空优化配置理论、补偿式调水配置模型、AHP-LP配置方法、"水银行"	黄淮海流域、南水北调受水区、松花江-辽河流域、黄河上游
量质一体化配置	水动力学模拟 量质双重平衡	量质联合模拟与评价 污染物迁移转化模拟	水量水质联合评价模型、分质供水供需平衡、水量水质联合配置模型	太湖流域、东江流域、唐山、南水北调受水区

图 3-1　国内水资源配置发展历程

3.1.2　水资源配置的新时期要求

按照构建社会主义和谐社会和生态文明建设的要求，坚持以人为本、人与自然和谐相处的理念。根据我国水资源禀赋条件，正确处理经济建设、水资源可持续利用和生态环境保护的关系；通过转变用水方式、合理配置水资源和建设节水型社会，降低资源消耗，促进区域经济协调发展；确保饮水安全、保障生产用水安全；加强水资源保护，改善生态环境用水状况，维护河流健康，建设生态文明，以水资源的可持续利用支撑经济社会的可持续发展。

（1）配置原则

水资源配置的核心理念是实现资源、环境和生态的综合承载能力与经济社会发展相协调，通过合理配置保持区域经济发展与环境保护的平衡。因此，水资源配置不是简单的水量分配，而是从流域和区域整体出发，在分析区域水资源及其供需特点基础上，寻求需求与供给、发展与保护等多类平衡关系的合理协调。新时期水资源配置应坚持以下原则：

贯彻生态文明理念，实现人水和谐。树立人口经济与资源环境相均衡的原则，加强需求管理，妥善处理经济社会发展与水资源开发利用和生态环境保护的关系，把水资源、水生态、水环境承载能力作为刚性约束，控制经济社会活动对水资源的过度消耗，合理调配生活、生产和生态用水。

突出综合性原则，协调不同需求。统筹协调不同区域、城镇与农村、不同行业的用水，保证区域和行业用水间的公平性，实现经济效益、社会效益、生态效益的有机统一，把水资源配置问题放在整个社会经济和生态环境共同构成的大系统中来解决。

坚持整体性原则，满足荷载均衡。以资源本底为基础，科学调配水资源分布及其开发利用的时空均衡。资源短缺地区优先控制需求，开展节水，实现资源承载的减荷和适水发展；丰水区域力求合理布局，通过配置工程体系实现水量的优化调控。在区域和全国统筹的基础上，构建跨区调水工程体系，构建多源互补、调控自如的水网调控格局，实现区域供水均衡和生态恢复调节的共赢。

（2）平衡关系

1）供需平衡。水量供需平衡是水资源配置中最基本的关系，是在满足水源用户之间的配置关系和优先序基础上寻求供水效益最大化。影响需求的主要因素是经济总量、经济结构和用水效率。经济总量宏观上决定了需水总量；经济结构和用水效率反映了单位产值的用水需求。影响供给的主要因素为供水工程能力，包括地表水、地下水、跨流域调水、再生水等不同类型的水源工程及其运行方式。

2）水资源开发与生态保护的平衡。人类活动使更多的水从自然循环进入社会侧枝水循环中，推动水的经济服务功能上升及原有生态服务功能下降，从而形成了新的经济-生态平衡机制。按照生态经济学的观点，水资源开发利用导致的水循环天然生态服务功能要尽可能少地下降，相应的人工生态服务功能要尽可能多地上升，同时还要有相应增加的经济服务功能。

3）水投资来源与分配的平衡。水投资来源于经济积累，水投资增加，水问题得到缓解，可以增加社会净福利，但也会导致其他部门的发展速度下降和社会净福利减少。这种反馈机制决定了存在一个水投资与其他投资比例的合理区间。此外，水投资有不同类型，包括水开源、节水、治污等。水投资平衡即水投资在社会总投资中应占据合理的比例，并保持各类开发治理措施的成本效益均衡。

3.1.3　水资源配置的发展方向

（1）多维调控决策机制下的配置

作为自然资源的水首先具有生态属性，在人类社会对水资源进行开发利用之后又增加了资源属性、经济属性、环境属性和社会属性。五维属性之间存在着矛盾与竞争，需要针对不同需求建立相应的决策机制，追求流域区域的生态–经济服务价值最大。

1）以耗水控制为中心的水平衡决策机制。水平衡决策机制包括三个层次：第一层次是总水量平衡，即流域水分平衡，其目标是界定维持流域水循环稳定健康的经济和生态总可耗水量；第二层次是资源量平衡，即针对径流性水资源量而言，经济和生态用水之间的平衡，其目标是界定满足流域水循环稳定健康的国民经济取用水量；第三层次是社会水循环供需水量的平衡，分析计算各种水源对国民经济各行业、各用水部门的供需平衡和供用耗排平衡。

2）以水循环系统健康为中心的生态决策机制。水资源配置必须考虑水对生态系统的支撑作用，保障必要的生态用水。首先对水生和陆生生态系统分别建立阈值，确保其最小生态需水得到满足。表征水生生态系统的主要指标包括河流生态基流、湿地最小面积以及地下水生态水位；表征陆生生态系统的主要指标包括人均绿地面积与植被覆盖度。在保障阈值基础上还需权衡水的生态服务和经济服务的功能以及更高的社会福利价值，以决定生态用水和经济用水的分配格局。

3）以公平为核心的社会决策机制。社会决策机制反映公平性，包括区域间、行业间和代际水量配置公平性，也包括不同地区、行业和群体利益的协调，保障社会发展的均衡性，如保障不同地区的人均水资源利用量接近等。

4）以社会净福利最大为准则的经济决策机制。经济决策机制体现高效原则，抑制水资源需求和增加水资源供给的平衡应以全社会总代价最小（社会净福利最大）为准则，二者的平衡应以边际成本相等或大体相当为准则。在经济机制基础上分析水资源有效调控的方向，实现在公平原则下对水资源的更高效利用。

5）以水量水质联合配置为中心的环境决策机制。环境决策机制的核心是关注水环境质量对社会的综合效益，是在经济发展和可承受的环境破坏之间权衡。配置决策中需要量化水污染损失，对比用水形成的效益和污染治理的成本，确定污染负荷排放以及污水处理再利用指标。

（2）基于效率的水资源配置

综合各类平衡关系和决策机制，对水资源配置的目标界定可以认为是实现综合效率最高的水资源调控，使低效端的用水向高效端的用水转化。效率不仅仅是经济高效性，而是综合水循环的经济、生态、环境效益的综合效率，也体现了最严格水资源管理制度下的"量、质、效"综合调控的要求。

首先需要明确综合效率与传统节水的概念区别。传统节水是减少输水环节的水量损失和产品节水，包括提高渠系利用系数、降低管网损失率、降低单位产品生产的用水定额等，都属于经济层面的低效用水向高效用水转换；而基于效率的水资源配置主要是从流域整体综合考虑，降低水循环各个环节的耗水。传统节水是水资源末端利用效率的提升，基于效率的水资源配置是提高水循环整体效率，实现单方水的经济和生态边际效益最大化，包括对自然水循环和社会水循环两个环节的配置调控。

因此，水资源配置的发展方向就是要遵循各类决策机制实现综合用水效率最高。基于效率的水资源配置就是通过综合调控措施，减少经济社会系统中的低效蒸发，增加高效蒸发，促进经济、社会和环境综合效益提高；通过经济端的高效用水，将节约下来的水分还给生态系统，促进经济社会系统和生态系统良性互动。

(3) 空间均衡理念下的整体配置

长期以来，一些地方对水资源进行掠夺式开发，经济增长付出的资源环境代价过大。因此必须要深刻认识到，水资源、水生态、水环境承载能力是有限的，必须牢固树立生态文明理念，始终坚守空间均衡的重大原则，努力实现人与自然、人与水的和谐相处。面对水安全的严峻形势，必须树立人口经济与资源环境相均衡的原则，加强需求管理，把水资源、水生态、水环境承载能力作为刚性约束，贯彻落实到水资源配置全过程中。

从水资源配置发展历程看，其核心是以科学认知为基础，结合国家发展目标和社会需求，通过水资源配置促进经济发展与资源、生态、环境相协调，以水资源的可持续利用促进社会经济的可持续发展，未来也会遵循这一理念。

3.2 水资源配置的安全保障战略目标

国家水资源配置安全战略是以保障广大人民群众的基本生活需要，改善人民群众的生产条件、提高生活质量为根本出发点和落脚点，以水资源高效利用和可持续利用为主线，加强水资源基础设施建设和水资源管理制度建设，提高对水资源的统筹调配能力，提高流域水生态环境的保护能力，提高水资源综合管理能力，逐步建立国家水资源安全保障体系，实现水资源可持续利用，保障经济社会又好又快发展。服务水安全保障战略的水资源配置的主要目标如下。

1）用水总量控制目标。控制经济社会发展对水资源需求的过度增长。根据最严格管理红线控制目标，到 2030 年全国用水总量控制在 7000 亿 m³ 以内。在实施用水总量控制的同时，严格定额管理，提高水资源利用效率和效益，到 2030 年水资源利用效率接近或达到同期国际先进水平。

2）供水安全保障目标。在节水优先的前提下，建成较高标准的供水保障体系，保障常规供水和应急供水安全。城乡饮水安全和农村饮水安全得到有效保障，生活用水标准逐步提高，需要适应未来城镇化发展态势下需求进一步提升增长的要求。供水结构得到有效改善，适应产业结构调整下的供水需求，保障城市群、能源基地、粮食主产区等重点区域的供水安全，基本实现水资源供需平衡。

3）生态环境保护目标。基本实现经济社会与水资源供给和生态保护协调发展，建立生态环境用水保障机制，合理安排和改善生态环境用水，逐步修复和保护河湖湿地及地下水的生态系统。退还被挤占的河道生态用水和超采的地下水，实现经济社会对水资源的消耗基本控制在可利用量的范围内，生态环境用水基本得到保障，人居环境明显改善。以水功能区纳污能力为基础控制污染物入河总量，确保主要江河湖库水功能区水质全部达标。

4）配置调度管理目标。建立完善总量控制与定额管理相结合的用水管理制度。制定以流域为单元的水量分配方案，逐级明晰区域的用水总量和取水许可总量，建立与完善我国取水许可和水资源有偿使用制度。建立以水功能区管理为基础的排污总量控制、入河排污口监管、省界河流断面水质目标考核的水资源保护制度。建立适应不同河流、区域特征的生态补偿机制，完善保障河流基本生态用水、维护河流健康的水生态保护制度。提高对水资源的监督管理能力，建立完善的水资源监测和监控体系。

3.3 水资源配置的空间均衡理念

3.3.1 空间均衡的概念解析

空间指一个特定地域的真实坐标和几何空间，是自然和社会属性统一的活动载体。均衡是经济学中广泛使用的一个概念，狭义的均衡是指数量的概念，即相互对立的两个经济变量在数量上大体相等；广义的均衡是指状态的概念，即相互对立的双方均没有改变现状的意愿和能力。空间均衡思想由经济均衡思想发展而来，但显然均衡不应该是经济导向上的均等，而应该是地理维度上经济、社会与生态价值的综合考量，即空间均衡是一种与地区资源环境禀赋相协调、符合可持续发展要求的区域生产力布局状态。

以樊杰（2007）为代表的国内学者认为空间均衡是可持续发展观在空间上的落实，其内涵是指包括经济、社会、生态等在内的地区综合发展状态人均水平大致相等，实施区域均衡发展的目的是实现以人为中心的生态、经济、社会的综合发展，其宗旨就是实现三者综合效益最大化。在此基础上实现水资源供应与需求平衡空间均衡，这是从生态文明建设高度，审视人口经济与资源环境关系，在新型工业化、城镇化和农业现代化进程中做到人与自然和谐的科学路径，是新时期治水工作必须始终坚守的重大原则，其数学表达为

$$S_i = B_{ei} + B_{ci} + B_{si} \tag{3-1}$$

$$S_j = B_{ej} + B_{cj} + B_{sj} \tag{3-2}$$

$$\min\left[S_i - S_j\right] \tag{3-3}$$

式中，区域 i 和 j 综合发展水平值分别为 S_i 和 S_j；B_{ei}、B_{ci}、B_{si} 和 B_{ej}、B_{cj}、B_{sj} 分别代表区域 i 和 j 生态效益、经济效益和社会效益。

空间均衡准则要求综合效益空间上差异最小化。需要注意的是，结构差异导致地区发展格局不均衡是客观现实，也就是说区域间发展的差异不能简单认同为空间失衡。空间均衡应该理解为空间与空间之间的分工与协作的相互关系。

水资源供需要素视角下的空间均衡是指基于地区经济、社会、资源和环境禀赋的差异性，通过空间供给能力和开发需求强度的相匹配，实现经济社会发展与生态保护的协调，也就是说空间均衡意味着人口、经济、资源与环境协调的一种空间上的帕累托效率最优状态，即这些要素及其组合方式在空间上实现最优配置。因此，在水资源利用格局中，要注重人口、资源、环境、经济、社会等要素的和谐有序，开发成本低、资源环境容量大、发展需求旺盛的地区应承担高强度的社会经济活动，而生态价值高、开发难度大的地区则主要承担生态维护功能。

3.3.2 空间均衡的管理理念解析

空间均衡原则要求人口、资源、环境相均衡，阐明了经济效益、社会效益、生态效益有机统一的辩证关系，要求水资源管理必须坚持整体性原则，科学把握水资源分布和使用的均衡，包括区域均衡、部门均衡等，实现区域水生态整体良性循环。在水资源配置中，必须要坚持流域统筹、科学调控，改变富水区资源流失和缺水区资源匮乏的不合理现象，实现资源区域均衡利用。空间均衡也包括时间上的均衡，针对水资源时间分布不均的特性进行季节均衡调控，对于同一水系、流域和区域，在洪水季节增加蓄水滞水，留好过境客水、补充地下水，减轻洪涝压力，扩充资源存量；在枯水季节加大蓄滞水排泄力度，既补充流域生态基流，又保障发展和生活用水。

空间均衡管控的前提是具备水量的调控条件，因此必须科学实施水系连通，坚持自然恢复和人工连通相结合，构建多源互济、调控自如的江河湖库水系连通格局。把握时空均衡，就是根据流域和区域的不同水文条件和径流特点，以自然河道为主、人力工程为辅，环绕自然河道，采取工程蓄水、湿地积存、湖泊吸纳、林草涵养等措施，建设调蓄得当的柔性水道，增强区域防汛抗旱、水资源时空调控能力。

3.3.3 空间均衡下的需求和供给调控手段

1）全面建设节水型社会，着力提高水资源利用效率和效益。牢固树立节水和洁水观念，切实把节水贯穿于经济社会发展和群众生产生活全过程。在农业节水方面，积极推广低压管道输水、喷灌、滴灌、微灌等高效节水灌溉技术，抓好输水、灌水、用水全过程节水；在工业节水方面，加强工业节水技术改造和循环用水，逐步淘汰高耗水的落后产能，新建、改建、扩建的建设项目必须落实节水"三同时"制度；在城市节水方面，加快城市供水管网技术改造，减少"跑、冒、滴、漏"，全面推广使用节水型器具，严格规范高耗水服务行业用水管理，加大雨洪资源利用力度，加快非常规水源开发利用。

2）强化"三条红线"管理，着力落实最严格水资源管理制度。坚持以水定需、量水而行、因水制宜，全面落实最严格水资源管理制度。加强源头控制，加快建立覆盖流域和省市县三级的水资源开发利用控制、用水效率控制、水功能区限制纳污"三条红线"，进一步落实水资源论证、取水许可、水功能区管理等制度。强化需求管理，把水资源条件作为区域发展、城市建设、产业布局等相关规划审批的重要前提，以水定城、以水定地、以水定人、以水定产，严格限制一些地方无序调水与取用水，从严控制高耗水项目。严格监督问责，建立水资源水环境承载能力监测预警机制，推动建立国家水资源督察制度，把水资源消耗和水环境占用纳入经济社会发展评价体系作为地方领导干部综合考核评价的重要依据。

3）加强水源涵养和生态修复，着力推进水生态文明建设。牢固树立尊重自然、顺应自然、保护自然的生态文明理念，着力打造山清水秀、河畅湖美的美好家园。推进城乡水环境治理，大力开展水生态文明城市创建，加强农村河道综合整治，打造自然积存、自然渗透、自然净化的"海绵家园""海绵城市"，促进新型城镇化和美丽乡村建设。

4）实施江河湖库水系连通，着力增强水资源水环境承载能力。坚持人工连通与恢复自然连通相结合，积极构建布局合理、生态良好，引排得当、循环通畅，蓄泄兼筹、丰枯调剂，多源互济、调控自如的江河湖库水系连通体系。统筹水网建设，科学调控，在需求控制的基础上，加强工程控制能力，改变富水区资源流失和缺水区资源匮乏的不合理现象，提高资源利用效率，实现资源区域均衡利用。

5）开展重大水利工程建设，着力完善水利基础设施体系。按照确有需要、生态安全、可以持续的原则，集中力量有序推进一批全局性、战略性节水供水重大水利工程，并根据配置需求制定合理的运行调度方案，为经济社会持续健康发展提供坚实后盾。

3.4　水资源配置的战略需求

如何基于水资源系统承载能力，突破传统上仅以水为对象的资源配置方式与局限，创新建立大空间尺度长时间尺度的水资源空间均衡配置理论方法，是实现国家水资源安全保障的重要科学问题。基于面向水资源空间均衡的协同配置理论，科学定义面向空间均衡的水资源协同配置内涵，解析水资源协同配置的内在机制，界定"空间均衡、负荷均衡、代际均衡"科学表征，研究确定协同配置对象、原则、单元划分方法依据及影响因素，形成配置目标、边界条件、控制因素等的数学函数表达，明确均衡化配置实施路径等。

水资源空间均衡配置需要突破不同时空尺度复杂水资源系统精准概化和荷载定量分析等技术瓶颈，建立可实现"空间均衡、负荷均衡、代际均衡"的多尺度水资源协同配置模型技术。空间均衡基于对国家尺度水网通道、流、节点的概化及其科学拓扑，构建国家不同尺度水资源配置基础系统网络，开发大尺度水资源协同配置模型，刻画水资源荷载双向互馈调整机制，实现面向荷载均衡的水资源协同配置，形成国家尺度空间均衡水资源配置方案，使水资源与经济社会与生态环境相协调，重点做到：由区域经济结构、经济布局确定水资源开发模式，以资源为依托发挥区位优势、因地制宜；流域间水资源分配与区域水资源承载力、经济社会格局相协调，流域内各区域和行业间追寻"优先节水，经济环境效益协同"的配置目标。体现经济社会发展布局的重点就是城市群、粮食生产、能源保障，生态健康则是代际均衡的保障。

总体而言，水资源空间均衡配置是我国保障粮食安全、城市供水安全、能源安全、生态安全的基础支撑，是我国社会经济全面发展的重大战略需求，具体体现在以下几个方面。

3.4.1　粮食安全需求

解决我国吃饭问题，必须坚持立足粮食自给的基本国策。根据《国家粮食安全中长期规划纲要》，到 2020 年全国粮食消费量将达到 11 450 亿斤[①]，按照保持国内粮食自给自足率 95% 的目标测算，我国粮食生产能力应达到 10 900 亿斤，即在目前粮食生产能力的基础上再增长 1000 亿斤左右。

在未来世界经济一体化的进程下，尽管我国水土资源紧缺，生产粮食不具备经济优势和比较利益，但仍应充分利用我国水土资源和丰富的劳动力资源以及国际国内两大市场，在保障粮食稳定增长的同时，大力发展附加值较高的农产品。根据 2017 年世界银行发布的《中国经济简报》，2030 年中国人均粮食需求将达到 491kg，总量超过 7 亿 t。按照粮食自给率超过 85% 的基本要求计算，全国粮食产量要求达到 6 亿 t。

农业是我国第一用水大户，也是受缺水影响最大的产业。根据《全国水资源综合规划》成果，农业多年平均缺水 166 亿 m³。根据《中国水旱灾害公报》统计数据，1949 ~ 2000 年，全国累计农田受旱面积达 201.1 亿亩，成灾面积达 89.5 亿亩，减产粮食 10.2 亿 t，年均受旱面积为 3.2 亿亩，成灾面积为 1.4 亿亩，减产粮食 0.16 亿 t。与此同时，全国农作物年均因旱损失仍呈现居高不下的态势，由 20 世纪 50 年代的年均 43.5 亿 kg 上升到 90 年代的 209.4 亿 kg，2000 年高达 308.3 亿 kg。

我国灌溉耕地粮食产量占全国总产量的 80%，对保障国家粮食安全具有决定性的作用。我国多年平均农田灌溉缺水超过 300 亿 m³，全国约 1 亿亩农田有效灌溉面积没有得到灌溉，黄淮海平原、辽河平原、关中平原、河西走廊、新疆的准格尔盆地、塔里木盆地和吐哈盆地等地区用水已经超过了水资源可利用的上限，南方地区水资源比较丰富，但是土地资源有限。因此，受水资源短缺且与土地资源不匹配、耕地数量减少、宜耕后备土地资源匮乏、扩大粮食播种面积空间有限等因素影响制约，今后我国粮食新增生产能力将主要依靠提高单产、提高灌溉保证率和适度发展灌溉面积等措施来实现。在通过节水措施提高农业水有效利用率的情况下，农业需水基本与当前持平，但由于受粮食生产重心北移的影响，北方农业水资源缺口将会加大。

3.4.2　城市供水安全需求

截至 2020 年底，全国有 687 个城市，目前已基本形成京津冀、长三角、珠三角、哈长、辽中南、山西中部盆地、山东半岛、中原、长江中游、海峡西岸、北部湾、呼包鄂榆、宁夏沿黄、兰西、关中平原、成渝、黔中、滇中、天山北坡

---

① 1 斤 = 0.5kg。

等城市群以及新疆喀什和西藏拉萨城市圈的"19+2"城市群格局。预计到2030年，全国城市总人口将超过5亿，约占全国总人口的1/3，城市GDP将占同期全国GDP的一半以上。我国目前的设市城市中，城市总供水量超过600亿 m^3，约占全国总供水量的12%，在城市用水量中，居民生活饮用水占52%，城市工业用水占25%，第三产业、建筑业及生态环境用水占23%。

目前，城市供水普遍存在水量不足、水质较差、保证率低、输配水系统安全性差、净水处理设施与水质监测手段落后等问题。现状全国城市缺水总量约70亿 m^3，管网漏损率为13%。到2030年，全国设市城市城区范围总需水总量将达到1200亿 m^3，比现状增加500亿 m^3，占同期全国总供水增量的40%多。根据《全国水资源综合规划》，2030年全国城乡用水结构将调整为37：63（现状为32：68），城市用水比重相对现状将大幅提升。因此，解决目前缺水问题和满足未来城市发展的用水需求任务十分艰巨。

3.4.3 能源安全需求

我国幅员辽阔、人口众多，但能源资源总量并不丰富，且存在空间分布不均、结构单一、与水资源分布严重不匹配，消费需求增长过快等问题。我国能源资源总量的人均占有量不到世界平均水平的一半，一次能源构成中90%是煤炭资源，石油、天然气等资源不足10%。根据有关预测，2030年全国能源消费总量将达到55亿吨标准煤，这将对我国水资源和环境保护构成巨大的压力。

我国能源工业未来的总体布局：煤炭工业重点建设神东、陕北、黄陇（华亭）、晋北、晋中、晋东、鲁西、两淮、冀中、河南、云贵、蒙东（东北）、宁东13个大型煤炭基地；陆上石油资源生产仍以大庆、胜利、辽河、塔里木、准噶尔等大型石油基地为主；天然气产地主要为四川气区、鄂尔多斯气区、塔里木气区、柴达木气区、莺-琼气区和东海气区；原油和天然气大部分仍通过"北油南运"和"西气东输"的管道运往东部消费；水电建设的重点在黄河中上游、西南诸河和长江中上游等区域。总体而言，除部分水电基地外，我国大部分能源主产区主要位于水资源紧缺、生态环境脆弱的地区，而能源消费主要集中在东、中部和沿海地区。能源工业是供水保障程度要求高、耗水量大、污染重的行业，加之我国能源资源分布及生产消费格局增加了水资源安全保障的难度。因此，能源产业的发展一定要充分考虑各地水资源及水环境的承载能力，合理布局，量水而行，以水定产。根据预测，2030年全国火（核）电装机容量将达12亿 kW，在采取先进冷却等节水措施后，需水量仍将进一步增加；煤炭、石油、天然气开采等能源产业需水量将比2020年增加50亿~60亿 m^3，加上能源加工等相关行业的需水，预计全国 2030 年能源工业需水量将比现状增加 100 亿 m³ 左右，是全国工业新增需水量的主要来源，主要分布在长江、淮河、海河、黄河和松花江区。

3.4.4 生态安全需求

生态安全的关键是保障生态环境需水量。根据我国不同类型河流的水资源和生态环境特点，以及地下水保护、水土保持等需求，按照生态环境保护的要求分别确定河道内基本生态环境需水量、河道内生态环境总需水量和河道外生态环境总需水量。河道内基本生态环境需水量主要用以控制枯水期河道内生态需水；河道内生态环境总需水量主要用以控制河道外用水对水资源的消耗量不超过流域水资源的可利用量。不同类型河流的自然水文条件和生态状况差异很大，因而其生态环境需水也不同，即使同一类型的河流，所处地域和河段不同，其生态环境需水要求也各异。

河道内基本生态环境需水量。北方河流径流量小且变差系数较大，基本生态环境需水量占其多年平均径流量的比例为 10%~20%，南方河流径流量大，基本生态环境需水量占其年均径流量的 15%~30%；大江大河水量大，径流分配相对较匀，基本生态环境需水量一般占其年均径流量的 15%~35%，中小河一般为 10%~30%；内陆河主要靠山区产流，中、下游耗水，为保证河流两岸植被、尾闾湖泊需水和一定的地下水补给，河流生态环境需水量一般应在天然径流量的 50% 左右；为维持良好的河口生态环境，保证一定数量的淡水入海，外流河的生态环境总需水量通常为年均径流量的 40%~80%。按照最新的河湖生态环境需水计算规范，我国不同类型河流水系生态环境需水量占其多年平均天然径流量的比例见表 3-1。

表 3-1 不同类型的河流水系控制节点生态环境需水量比例 （单位:%）

类型		基本生态环境需水量	生态环境总需水量
大江大河	北方	15~20	40~55
	南方	20~35	65~80
中小河流	北方	10~20	50~55
	南方	15~30	60~75
内陆河	西北干旱区	45~55	50~55
	青藏高原区	>60	>80

河道内生态环境总需水量。按照最严格水资源管理红线控制要求，在用水总量控制在 7000 亿 m³ 的条件下，河道外经济社会消耗的地表水资源量控制在 5000 亿 m³ 以内。扣除河道外经济水量消耗，可以满足河道内配置的生态水量应不低

于 19 181 亿 m³ 的河道内生态环境总需水量。根据所确定的主要江河生态环境需水量标准，北方水资源短缺地区过量取用地表水导致河流生态流量被挤占现象一直存在。自 2013 年实施最严格水资源管理制度以来，随着节水水平提高和取用水量下降，生态流量被挤占的现象已经逐步缓解，按照 2011~2020 年取用水量作为现状平均水平评价，河道内生态流量挤占仍在 100 亿 m³ 以上，主要集中在北方地区。随着经济社会的快速发展，南方及水资源较为丰沛的河流也存在部分河流河道外取用水量逐步加大的问题，一些河流（河段）特别是枯水年和枯水期河道内用水的问题突出。例如，长江、珠江、松花江等河流其天然最枯月径流一般相当于其生态环境及河道内合理需水要求的 78%~90%。

河道外生态环境总需水量。现状全国城乡生态建设用水为 122 亿 m³，随着经济社会发展和城乡人民生活水平的提高，未来包括城镇绿化、环卫、城镇河湖补水、水系连通，以及农村湿地补水和林草植被灌溉建设在内的城乡生态建设需水将不断增加。

地下水保护需求。2015 年，全国地下水开采量 1069 亿 m³，其中浅层地下水开采量 974 亿 m³，深层承压水开采量 91 亿 m³，微咸水 4 亿 m³。地下水对供水尤其是北方地区供水具有不可替代的作用，但由于许多地区地下水的超采，导致地下水位持续下降，形成区域性的地下水超采区并引发一系列环境地质问题。地下水超采实际也是挤占生态用水，从生态安全角度考虑未来应全部退还现状超采的浅层地下水量和不合理的深层承压水开采量，基本实现地下水的采补平衡，维持地下水的合理水位，使得地下水逐步得到涵养和保护，地下水生态功能得到恢复，安全供水的储备能力得到提高。

地下水压采重点在北方地区，其中浅层地下水压采重点区域为黄淮海平原及西北内陆河地区，深层地下水压采重点为黄淮海平原及松嫩平原等。按照地下水压采总体规划，以 2015 年为基准，全国分区地下水压采需求见表 3-2，黄河、淮河、海河区地下水压采量分别为 2015 年开采量的 21%、17% 和 28%，未来实现采补均衡的地下水压采量应达到 228 亿 m³，其中深层水达 125 亿 m³。2020 年全国地下水开采量为 893 亿 m³，其中深层水 35 亿 m³，相对 2015 年开采量下降了 176 亿 m³，基本实现了阶段性压采目标。

表 3-2　全国分区地下水压采需求　　（单位：亿 m³）

水资源一级区	2020 年		2030 年	
	浅层	深层	浅层	深层
全国	75	81	103	125
松花江区	11	9	14	11

水资源一级区	2020 年		2030 年	
	浅层	深层	浅层	深层
辽河区	17	5	19	6
海河区	25	20	37	37
黄河区	4	10	8	22
淮河区	4	22	6	27
长江区	0	7	0	11
东南诸河区	0	0	0	0
珠江区	0	6	0	8
西南诸河区	0	0	0	0
西北诸河区	14	2	19	3

水环境保护需求。除了生态用水，还需要加强水环境保护。随着经济社会发展和用水量的增加，未来全国工业和城镇废污水排放量必然增加，因此必须加强治污和水环境保护，否则将造成严重的环境灾难。未来还需要从污染源头控制、过程阻断和末端治理几方面综合发力。减少污染源，同时结合生态流量保障需求提高河流的流量，增强河流自净能力，改善水环境质量。

第4章 城镇化进程下的供水安全保障战略

4.1 我国城镇化发展状况

4.1.1 城镇化发展过程及现状

改革开放以来，我国经济迅速发展，城镇化水平显著提高。1978~2020 年，全国人口从 9.6 亿增加到 14.1 亿，城镇常住人口从 1.7 亿增加到 9.0 亿，城镇化率从 17.9% 稳步提升到 63.9% （图 4-1）。

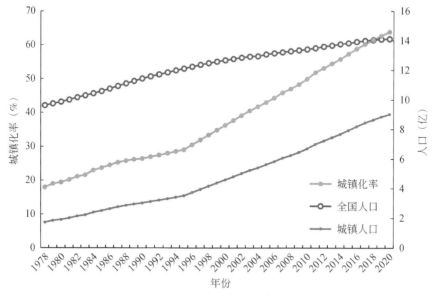

图 4-1　1978~2020 年人口及城镇化率变化趋势图
资料来源：国家统计局

随着城镇化进程的推进，城市数量和规模大幅增加（表 4-1），城区和城市建设面积扩大，城市人口密度增大，由此为城市带来大量劳动力，在促进城市经济发展的同时可改善就业，对城乡经济发展和社会结构优化具有促进作用。

表 4-1　城市数量和规模变化情况

指标	2000 年	2005 年	2010 年	2015 年	2020 年
全部地级及以上城市数	262	286	287	295	297
400 万以上人口的城市数	8	13	14	15	22
200 万~400 万人口的城市数	12	25	30	38	46
100 万~200 万人口的城市数	70	75	81	94	96
50 万~100 万人口的城市数	103	108	109	92	86
20 万~50 万人口的城市数	66	61	49	49	39
20 万以下人口的城市数	3	4	4	7	8

注：数据来源于国家统计局。

对比我国各省（自治区、直辖市）2000 年、2010 年和 2020 年城镇化率（表 4-2），可发现我国城镇化水平全面提高，其中中东部区域提高尤为明显。然而，我国城镇化水平发展不均衡，其中中东部区域处于较高水平，而西北、西南等区域，受到自然条件、经济社会发展等因素限制，城镇化率仍然较低。截至 2020 年，城镇化率超过 80% 的地区有上海、北京和天津，城镇化率分别为 89.3%、87.5% 和 84.7%，西藏城镇化率最低，仅为 35.7%，远低于全国平均水平。

表 4-2　我国各省（自治区、直辖市）2000 年、2010 年和 2020 年城镇化率统计结果

地区	人口总量（万）			城镇化率（%）		
	2000 年	2010 年	2020 年	2000 年	2010 年	2020 年
全国	126 583	133 281	141 178	36.2	50.0	63.9
北京	1 382	1 961	2 189	77.5	86.0	87.5
天津	1 001	1 294	1 387	72.0	79.6	84.7
河北	6 744	7 185	7 461	26.1	44.5	60.1
山西	3 297	3 571	3 492	34.9	48.1	62.5
内蒙古	2 376	2 471	2 405	42.7	55.5	67.5
辽宁	4 238	4 375	4 259	54.2	62.1	72.1
吉林	2 728	2 745	2 408	49.7	53.4	62.6
黑龙江	3 689	3 831	3 186	51.5	55.7	65.6
上海	1 674	2 302	2 487	88.3	89.3	89.3
江苏	7 438	7 866	8 475	41.5	60.6	73.4

地区	人口总量（万）			城镇化率（%）		
	2000 年	2010 年	2020 年	2000 年	2010 年	2020 年
浙江	4 677	5 443	6 457	48.7	61.6	72.2
安徽	5 986	5 950	6 103	27.8	43.0	58.3
福建	3 471	3 689	4 154	41.6	57.1	68.8
江西	4 140	4 457	4 519	27.7	44.1	60.4
山东	9 079	9 579	10 153	38.0	49.7	63.1
河南	9 256	9 403	9 937	23.2	38.5	55.4
湖北	6 028	5 724	5 775	40.2	49.7	63.9
湖南	6 440	6 570	6 644	29.8	43.3	58.8
广东	8 642	10 432	12 601	55.0	66.2	74.2
广西	4 489	4 602	5 013	28.2	40.0	54.2
海南	787	867	1 008	40.1	49.8	60.3
重庆	3 090	2 885	3 205	33.1	53.0	69.5
四川	8 329	8 042	8 367	26.7	40.2	56.7
贵州	3 525	3 475	3 856	23.9	33.8	53.2
云南	4 288	4 597	4 721	23.4	34.7	50.1
西藏	262	300	365	18.9	22.7	35.7
陕西	3 605	3 733	3 953	32.3	45.8	62.7
甘肃	2 562	2 558	2 502	24.0	36.1	52.2
青海	518	563	592	34.8	44.7	60.1
宁夏	562	630	720	32.4	47.9	65.0
新疆	1 925	2 182	2 585	33.8	43.0	56.5

注：数据来源于国家统计局。

人口与经济社会的集聚发展，导致城镇空间、规模结构与资源环境承载能力不相匹配。东部一些城镇密集地区资源环境约束趋紧，中西部资源环境承载能力较强地区的城镇化潜力有待挖掘；城市群布局不尽合理，城市群内部分工协作不够、集群效率不高；部分特大城市主城区人口压力偏大，与资源环境承载能力之间的矛盾尖锐；中小城市集聚产业和人口不足，潜力尚未得到充分发挥；小城镇数量多、规模小、服务功能弱，使得经济社会和生态环境成本增加。

4.1.2 我国城镇化发展的定位

根据《国家人口发展规划（2016—2030 年）》，预计 2030 年我国人口将达到

14.5 亿，其中城镇人口 10.15 亿，比 2020 年增加约 1 亿人，增加 11%，城镇化率超过 70%。与此同时，城镇化水平和质量稳步提升，格局更加优化。2030 年前后人口规模达到峰值，之后呈下降趋势。随着《中共中央 国务院关于实施全面两孩政策改革完善计划生育服务管理的决定》的实施，预期"十四五"以后人口增长趋势减缓，人口峰值出现时间比原有预测可能稍有滞后，峰值数量可能略有增加。人口流动依然活跃，人口向沿海、铁路沿线地区不断聚集，人口集聚密度增大。针对城镇化水平以及空间分布不均等问题，我国将进一步科学推进城镇化建设。根据《国家人口发展规划（2016—2030 年）》，我国将以城市群为主体形态促进大中小城市和小城镇协调发展，优化提升东部地区城市群，培育发展中西部地区城市群，推动人口合理集聚。对长江中游、成渝地区等城市群，进一步做大做强中心城市，加强对周边地区的辐射带动作用，打造全国重要的人口集聚区。对山东半岛、海峡西岸、辽中南等东部地区城市群，进一步加强区域内大中小城市联动发展，增强对中西部转移人口的吸引力。对哈长、中原、关中、北部湾、山西中部、呼包鄂榆、黔中、滇中、兰西、宁夏沿黄、天山北坡等城市群，要加快形成更多支撑区域发展的增长极，引导区域内人口就近集聚。对于城镇化发展程度较高的区域，尤其是京津冀、长三角、珠三角等城市群，要根据区域资源条件，科学确定人口规模，严格控制超大城市和特大城市人口规模，有序引导人口向中小城市集聚，缓解城市群人口与资源环境紧张状态。

4.2 城镇化发展对供水安全保障的要求

4.2.1 城镇化发展使城镇生活需水量大幅增加

通常而言，人均城镇生活用水量随着社会经济发展呈逐步提升趋势。城镇用水对供水保证率要求高，对供水水质也有严格要求。因此，城镇人口的增加和城镇化率的提高，使得用水需求增大，用水集中度加大，增加了供水难度，对供水保证率和水质要求提高。同时，城镇化带来的建成区面积增加，供水管网、二次供水等基础设施建设运行的要求提高，对水资源备用、应急供水等突发事件应对的需求也随之增加，从而带来水源保证的更高要求。

4.2.2 城镇化发展带来工业增长与产业结构调整

城镇化发展以工业为载体，水资源供给是工业发展的重要条件，城镇化发展与水资源承载能力密切相关。随着工业化水平提升，社会分工越来越精细，工业生产的模块化、链条化特征越来越明显，形成从资源采集、能源准备、初级生产到高级加工以及市场化推广等不同类型、相互依存的社会共同参与的产业链。因此缺水导致的停产损失涉及面越来越宽，损失更大，资源保障的重要性提高。我国水资源总体短缺，应因地制宜，根据区域水资源条件，优化产业结构及布局。将水资源布局和工业生产的用水需求结合，以更好适应水资源约束条件，促进工业的良性发展。随着工业结构的不断调整，预计未来工业需水量仍将呈现一定程度增长，同时先进制造业和节能环保、新一代信息技术、生物、新能源、新材料、新能源汽车等战略性新兴产业对水质要求更高，对供水保证率要求也将提升。

4.2.3 城镇化发展促进第三产业规模与需水量增加

城镇化发展的同时需要积极推进生产性服务业的发展，逐步提高第三产业比例，适应城镇化发展布局和居民生活水平，提高服务业水平。目前，我国第三产业发展迅速，已经成为我国的主导产业，2018年第三产业增加值48.97万亿元，占全年国内生产总值的53.3%，当年国内生产总值增长6.7%，其中第三产业增加值拉动我国国内生产总值增长4.2个百分点[①]。2020年，第三产业增加值达到55.4万亿元，占国内生产总值的55%，上涨趋势明显，未来增加空间仍较大。第三产业单位生产用水量较小，但随着我国第三产业的进一步发展，第三产业需水量仍将小幅增长，且对水质和供水保证率要求较高。同时，在旅游、度假等提高生活质量的服务业推动下，第三产业用水需呈分散布局发展的特点，对保障用水提出更高要求。

4.2.4 城镇化发展推动生态环境建设与生态用水变化

为适应城镇化发展，需加快绿色城市建设，推进水源工程建设，加大污染治理，实施河流、湖泊、湿地保护与修复，保障生态环境需水。随着城市绿地面积、河湖湿地面积大幅度增加，生态环境用水将有较大增加。此前为发展生产挤占生态用水的模式需要调整，需要建立与城镇化绿色发展相适应的生态空间保护与生态用水保障体系，维护城市水域空间的完整性，保障城镇河道内外生态用水。城乡一体化推动人工生态环境用水快速增长，尤其是以往相对被忽视的农村

---

① 数据来源于国家统计局。

环境用水，在"美丽乡村"建设目标和乡村振兴战略推动下，有较大增长空间。2020年全国人工生态环境用水达到307亿m^3，相比2010年增长了187亿m^3，是近期用水增长的主要来源。然而，相对国外发达地区，我国城市人均绿地、水域等仍有较大差距，小城镇和农村与城市也有较大差距，近期增长动力仍然较为充足。

4.2.5　城镇化布局调整改变区域用水格局

按照城镇化发展布局和趋势，我国东部地区城镇化水平较高且继续增长，应着重提升中西部城镇化水平。对于中西部区域，城镇化发展将使得水资源需求加大，特别是工业和生活用水占比不断提升，而农业用水持续减少。对于长三角、珠三角等高度城镇化区域，用水结构将进一步调整，生活用水需求还将进一步增加，而农业用水将进一步减少。

城镇化对城乡用水结构也有明显影响，一方面城市用水增加，农业用水减少；另一方面，农村地区受城乡一体化影响，农业生产用水减少，但生活和环境用水增加，给用水需求的过程性特征、水质要求、保障目标带来较大影响，从而促使供给体系需要有相应的调整适应。

4.3　城镇化进程下的供水安全保障对策

4.3.1　城市供水安全的挑战

（1）人口增加带来的水量和水质要求不断提升

随着城镇化建设进程的推进，生活、工业、第三产业、生态环境用水需求均逐渐加大，对水质和供水保证率的要求不断提升。城镇化发展带来人口和工业的高度集中，对区域水资源供给保障提出了更高要求。

根据《2020中国生态环境状况公报》，全国852个在用集中式生活饮用水水源地中，仍有5.5%的水源地未达标，其中地表水水源监测断面（点位）598个，14个未能全年达标，占2.3%，主要超标指标为硫酸盐、总磷和锰；地下水水源监测断面（点位）304个，36个未能全年达标，占11.8%，主要超标指标为锰、铁和氨氮，相对2010年达标取水量仅76.5%已有显著改善。据《水污染防治行动计划》，2030年城市集中式饮用水水源水质达到或优于Ⅲ类比例总体达到95%左右。目前饮用水源水质相对以往已有明显改善，但距离未来城镇发展用水的水量与水质保障要求仍有一定差距。

（2）城镇供水管网建设不完善，输配水效率低，供水风险加大

目前，部分城市供水管网建设较为落后，管网漏损率较高。城镇高峰用水量导致原供水管网供水输配能力以及水厂供水能力不足，使得部分城镇区域供水不足，较大范围降压时有发生。我国城市供水管网管道老化、施工技术落后等问题，导致城市供水压力不足、管网漏损严重，2017 年全国公共供水管网综合漏损率达 14.57%，其中吉林综合漏损率近 30%，严重威胁城镇供水安全①。

（3）"以水定城"原则下的城市适水发展要求凸显

2014 年 3 月 14 日，习近平总书记明确提出"以水定城、以水定地、以水定人、以水定产"，要求以资源环境承载能力为硬约束，严守人口总量上限、生态控制线、城市开发边界三条红线。在城镇人口与规模将持续增加的背景下，如何优化城镇空间与水资源协同发展、提升城镇供水安全水平，是当前我国城镇化发展需着力解决的重要难题。

（4）水源调配能力不足，水安全应急保障能力亟须提升

我国北方城市群由于水资源条件先天不足，人均水资源量极度匮乏，远低于我国和世界人均水资源量，该区域多依赖引调水满足用水需求，对外调水源等依赖度较高。水源较为单一，水资源储备不足也是城市供水安全的隐患，特别是以地表水源为主的南方地区，一旦发生水污染事件，缺少规避风险的有效途径；特大干旱、连续干旱或突发水污染事件的供水保障能力较低，应急保障能力亟须提升。

4.3.2　城镇水安全保障战略

（1）全面加强城市节约用水

根据城市功能、发展布局和产业结构，合理控制城市发展规模，严格限制和引导高耗水、高污染的工业发展。加强城市生活节水器具使用，鼓励居民使用节水器具。合理限制高耗水服务业，强制使用节水设备，加快节水技术改造，逐步实施中水利用改造，新建住房和公共建筑安装中水设施，积极引导鼓励采用建筑中水回用技术。积极建立城市节水数字化管理平台，强化公众参与监督机制，推进节水型城市建设。同时，通过优化产业结构，提高第三产业比例，控制城市用水增长。到 2022 年，北方 50% 以上、南方 30% 以上县（区）级行政区达到节水型社会标准，50% 以上的省属事业单位建成节水型单位，创建 150 个节水型灌区

---

① 数据来源于《中国城乡建设统计年鉴》。

和 100 个节水农业示范区，以及 100 家节水标杆企业、50 家节水标杆园区①。

（2）提高供水水源安全保障能力

加强城市供水水源地保护和供水设施建设，增强城市供水能力；对地下水超采地区，应在充分挖掘节水潜力的前提下，因地制宜开展替代水源工程建设，通过开辟新水源或外调水置换压采地下水，逐步修复地下水生态环境。对水源水质较差的城市，应实施精准截污、控污和治污工作，加强水源保护。合理调整城市水源及用水结构，优水优用，鼓励水质要求不高的用户优先并集约使用再生水。同时，通过海绵城市建设加强雨水集蓄利用，东部沿海城市应加大海水淡化利用，将淡化海水作为重要战略后备水源。

（3）加强供水管网建设

加快城镇供水管网更新改造，减少供水管网"跑冒滴漏"损失；坚持厂网并重，加大城市供水管网建设和改造力度，减少供水污染和损漏，提高供水水质化学稳定性和供水管网生物稳定性。建立从源头到龙头的安全保障体系，优先改造老旧供水设施和二次供水设施，关闭公共供水覆盖范围内的自备水，不断扩大公共供水服务范围。强化非常规水源配套管网建设。

（4）实施农业用水转化补偿

制定合理的农业用水转化补偿政策，充分运用市场经济的利益驱动机制，建立良性、高效的补偿制度，依托补偿资金实施农业节水灌溉工程，利用农业节约水量支撑城市发展，推动区域城镇与农村统筹均衡发展。

（5）落实规划水资源论证

根据《中华人民共和国水法》，经济社会发展、城市建设和重大建设项目的规划与布局，需要进行科学论证，确保与当地水资源条件和防洪要求相统一。大力推动规划水资源论证，在各类规划编制过程中，提前对区域水资源、水环境承载能力进行系统分析，准确预测不同发展前景下的需水量，制定与空间布局和发展规模相协调的水资源配置方案。同时，完善计划用水制度，加强用水定额管理，严格实施用水总量控制。

（6）提高污水处理率和水源保护力度

调整产业结构，严格执行环境准入制度，推动高污染企业退出。加强水环境管理，深化污染物排放总量控制，严格环境风险控制。全面推行排污许可，严格环境执法监管。加强城市水污染治理，提高城市的污水处理水平与处理程度，增加污水处理回用量，改善水环境。根据《"十三五"全国城镇污水处理及再生利用设施建设规划》，2020 年城市污水处理率应提高到 95%，地级及以上城市建成

---

① 依据《国家节水行动方案》。

区基本实现全收集及全处理，大幅度提高污水处理标准，加强污水再生利用。同时，强化饮用水水源地保护，防止突发水污染事件。根据住建部城乡统计年鉴，2020 年城市污水处理厂集中处理率已达到 95.78%，县城污水处理厂处理率达到 95%，建制镇污水处理厂集中处理率为 52.1%，未来污水处理的重要点是推进乡镇污水处理设施建设。

（7）加强应急和备用水源建设

建立结构合理、水源多样、水质优良、水量可靠的饮水安全保障体系，加强应急和备用水源建设与涵养保护，构建多水源供水格局，提高城市供水保障能力。对供水水源单一、应对突发事件能力较差的城市，确定应急备用水源供给方案，加快应急备用水源工程建设，提高应急供水能力。对地下水超采严重的城市，扩大水源供给，或者采用外调水源减少地下水开采并进行回补；对水源污染较为严重的城市，加强污染治理，保护水源水质安全。严格划定应急和备用水源保护区，确保城市应急和备用水源水质安全。建立完善突发性水污染事件监测预警和应急处理机制，加强城市备用水源和多水源供给系统建设，建立城市水资源安全储备制度。

4.4 重点城市群供水安全保障对策

4.4.1 重点城市群布局

根据《中华人民共和国国民经济和社会发展第十三个五年规划纲要》，我国将着力构建"两横三纵"为主体的城市化战略格局。优化提升东部地区城市群，建设京津冀、长三角、珠三角世界级城市群，提升山东半岛、海峡西岸城市群开放竞争水平。培育中西部地区城市群，发展壮大东北地区、中原地区、长江中游、成渝地区、关中平原城市群，规划引导北部湾、山西中部、呼包鄂榆、黔中、滇中、兰州—西宁、宁夏沿黄、天山北坡城市群发展，形成更多支撑区域发展的增长极，促进以拉萨为中心、以喀什为中心的城市圈发展。

4.4.2 城市群水资源条件

根据《节水型社会评价指标体系和评价方法》（GB/T 28284—2012），选择人均水资源量和年降水量划分地区水资源条件。根据城市群地级行政区分区水资源条件，将城市群分为丰水、平水和缺水地区，见表 4-3。一般城市群处于水资源较为丰富的地区，平水区和缺水区城市群分别占总数的四分之一。水资源较为丰富地区可为城市群经济社会发展提供较为充沛的水资源，处于平水和缺水区的城市群，水资源相对紧张，并已成为制约其经济社会发展的重要影响因素。

表4-3　城市群水资源丰水、平水、缺水状况划分

类型	城市群	个数
丰水	长三角城市群、珠三角城市群、海峡西岸城市群、长江中游城市群、北部湾城市群、成渝城市群	6
平水	辽中南城市群、哈长城市群、关中城市群	3
缺水	京津冀城市群、山东半岛城市群、中原城市群	3

随着城镇化进程的加快，城市水安全问题日益突出，而城市的发展不仅与自身相关，而且与周边城市密切联系。因此，实行城市群水资源协同配置，是解决区域内城市水安全问题的重要措施。

通常，城市群水资源系统具备一些自身的特点：①城乡社会经济及供水基础设施发展不均衡；②各城市群子系统在城市群中承担不同功能，对应的各城市水资源子系统的发展也应体现其城市功能定位和发展格局；③城市群水资源系统是一个动态发展系统，其内部各子系统间相互影响、相互配合、紧密协作，力求使城市群水资源在整体上实现可持续利用，以及在内部各城市子系统、各分区子系统间实现均衡利用。

4.4.3　城市群供水安全存在的问题

(1) 水资源时空分布不均，水资源供需形势日趋紧张

受特殊地理位置及气候条件影响，我国水资源时空分布不均，年内年际水量变化较大。城市群的发展需要有持续的水资源作为供给，这在空间上加剧了水资源分布不均衡性的影响。同时，由于现有水资源及开发能力的限制，区域水资源开发利用程度不断提升，城市群与周边区域、城市群内不同城市间的水资源竞争关系日益突出，有限的水资源难以充分满足城市群经济社会发展的需求。

(2) 城市群水资源供给愈加集中

随着城市群不断发展，人口和工业企业等大量向城市群集中，使得城市群水资源需求不断加大，集中供水任务愈加突出。为此，兴建一系列水利工程强化供给能力，并将地表水、地下水、外调水和非常规水源等多种水源统一调配，以满足城市群发展用水需求。城市群的协同发展效应不断强化集中供水，极大增加了供水系统的复杂性，使供水安全风险不断增加，给城市群高质量发展带来严峻

挑战。

（3）城市群内部各城市用水结构存在差异

城市群一般是若干特大城市和大城市集聚而成的庞大的、多核心、多层次的大都市联合体。由于城市群经济社会发展存在差异，水资源需求量和用水结构之间亦存在明显差异，增加了水资源配置工程投资和调度管理难度。

（4）废污水排放量增长，部分城市群水污染严重

重点城市群经济快速发展的同时，人口规模的增加与工业产业的迅速发展带来了城镇废污水大幅增加，但部分城市群由于规划不足或资金缺乏等，污水处理设施与经济社会发展不同步，造成污水大量排放，水环境恶化，对城镇及下游居民生产生活以及生态环境产生不利影响。

（5）不同区域城市群水安全问题表现各异

丰水区城市群主要位于我国南方和东部沿海地区，水资源总量较为丰富，但由于生活、工业废水以及农业面源污染影响，部分区域水质污染严重，水体富营养化。平水区城市群城镇化和经济社会快速发展，导致需水量不断加大，水资源供需矛盾日趋紧张，逐渐转变为缺水状态。缺水区城市群多处于我国北方地区，由于地理位置和气候条件的影响，水资源匮乏。为满足经济社会发展需求，缺水区城市群不得不大量开采地下水，由此导致地下水严重超采，水生态系统受到破坏。

4.4.4 重点城市群水资源安全保障战略

（1）落实用水总量控制

牢固树立人口、经济与资源环境相协调的意识，明确城市群及各城市用水总量，实施用水总量控制和定额管理。加强在建、规划城市群水资源论证工作，根据城市群水资源条件、承载能力以及城市发展定位，合理布局产业结构和人口规模，控制不合理用水增长。落实计划用水管理，强化工业与农业用水在线监控，对标行业先进节水水平，淘汰落后工艺技术，推进企业节水技术改造和高效灌溉工程建设。

（2）全面推进节水型城市建设

坚持节水优先，逐步建立和完善促进节约用水的政策体系和价格机制，大力推广应用节约用水技术，倡导节约用水的文明生活方式，最大限度地提高水资源利用效率。结合产业结构调整，抓好高耗水企业节水改造，提高间接冷却水循环率、冷却水回用率、工艺水回用率和工业用水重复利用率，积极推进矿井水和污水资源化利用，降低单位产值耗水量。大力推广喷灌、滴管、渗灌等农业节水灌溉技术，科学、适时、适量灌溉，严格控制超量灌排，结合农业结构调整，大力发展旱作农业、低耗水农业，压缩高耗水作物面积。加强城镇节水设施改造，积极创建节水型居民小区和单位，对城市居民用水和商业用水实行阶梯水价，加强城镇老旧管网设施改造，提高输配水效率和供水效益。

（3）合理布局水资源配置工程

优化水资源配置格局，合理布局水资源配置工程。在水资源开发利用尚有潜力的区域，积极谋划水资源配置工程，提高河道蓄水和提引水能力，促进水资源供给过程与社会经济发展需水过程相匹配。为保障国家重点城市群发展，"十四五"期间将继续布局一批重大水资源配置工程。例如，实施珠江三角洲水资源配置工程，从广东省西江水系向珠三角东部地区引水，改变以往受水区单一供水格局，为粤港澳大湾区发展提供战略支撑。加快南水北调东线后续工程、中线干线调蓄水库建设，提升京津冀供水能力与供水保证率，并统筹多水源配置，形成地表水、地下水、外调水、雨水、再生水等多水源综合保障格局。

（4）强化非常规水源利用

因地制宜加大非常规水源利用，推动各类非常规水源在工业冷却水、农田灌溉水、城市绿化用水、环境用水等方面的利用。建设雨水集蓄工程，提高雨洪资源利用水平。强化再生水利用，配套建设再生水处理设施，城市景观用水、冲洗水、冷却水等要率先采用再生水，电力等工业企业应与城市再生水厂开展排水与供水合作。沿海地区的长三角城市群、珠三角城市群、海峡西岸城市群等，应加快研发海水直接和间接利用技术，挖掘海水资源潜力，缓解水资源供需矛盾。

（5）加快城市群应急和备用水源工程建设

加快城市群应急和备用水源工程建设，完善城市群供水格局，实现双水源和多水源供水，提升城市群供水保证率。在全面强化节水改造以及对现有供水水源挖潜的基础上，统筹考虑当地水源及外调水源，合理确定城市群应急备用水源方案。珠三角城市群等沿海城市群，水源单一造成供水风险较高，可开发海水淡化水作为城市群应急备用水源；京津冀城市群、中原城市群等缺水区或平水区城市群，可依托兴建地下水库等方式将地下水作为城市群应急备用水源；成渝城市群等丰水区城市群，可依托调蓄工程将地表水作为城市群应急备用水源。

（6）加强城市人口规模控制，调整人口分布格局

当前，人口布局与区域水资源状况不匹配已成为核心城市可持续发展的重要制约因素。因此，对京津冀、长三角、珠三角等城市群，要严格控制超大城市和特大城市人口规模，有序引导人口向中小城市集聚。例如，京津冀城市群中的北京市，近年来人口快速增长，生活用水占总用水量的比例最高，人口增长使得当地水资源承载能力受到严峻挑战。位于北京市周边的河北省部分城市，人口数量和人口密度较小，产业发展受影响，缺乏经济活力。为保障北京市供水安全，减小北京市供水压力，应严格控制北京市人口增长趋势，引导人口合理流动，缓解京津冀城市群的供水紧张局势。

（7）优化产业结构，大力发展第三产业

不同产业结构层次反映了区域社会经济发展水平的高低，同时也决定区域用水结构和用水量。第三产业相对于第一、第二产业单位产值耗水量小，现代服务业对水资源的依赖性很小甚至没有依赖，城市群区域应加强服务业特别是劳动密集型的集体、个体、私营服务业的发展，不仅可以有力地活跃经济，吸纳更多的农村过剩劳动力，也可有效控制城市群用水量增加。新兴的高附加值服务业和知识含量更高的第三产业，更能提升城镇化的层次。城市群应充分利用其交通便利的优势，积极发展金融保险、旅游休闲、房地产、现代物流、贸易、会展、信息咨询等新兴服务业，促进产业结构升级。例如，长三角城市群中的上海市，以工业用水为主，2020年工业用水量占总用水量的59.4%[①]，良好的工业基础为长三角城市群经济发展做出重要贡献的同时，对水资源保障提出了更高要求，为保障上海市供水安全和经济发展，应大力发展第三产业，减少用水量的同时维持上海市经济正常发展。

（8）加强生态环境保护

针对不同城市群区域自然条件差异，因地制宜制定保护及改善生态环境的政策，维护城市群水系统稳定，强化城市绿地、内河在缓解城市内涝、调节城市气候等方面的积极作用。其中，辽中南城市群、京津冀城市群、中原城市群、关中城市群等区域地下水位下降明显，应限制地下水开采，同时积极采取地下水回灌、增加透水地面面积等措施适度增加地下水补给量。长三角城市群、珠三角城市群、长江中游城市群等区域水环境污染负荷较高，应控制污染物排放，通过河道清淤、水系连通等工程措施综合整治城市河道，提升河湖水环境容量，同时强化河湖岸线和水域空间管控，强化生态环境保护。

（9）不同水资源条件城市群水安全保障战略

对于丰水区城市群，节水减污是解决区域水污染的重要途径，应加强高污染企业节水改造升级，严格限制污水排放。同时，积极开展节水宣传教育，提高民众节水和水资源保护意识。对于平水区城市群，应优化水资源配置，提高工业和农业用水效率，严格限制地下水开采。对于缺水区城市群，应合理配置水资源，加强非常规水源利用，提高城市群水资源可供给量；控制城市群人口规模，调整种植结构，提高农业用水效率，合理控制地下水位，保护河流生态

---

① 数据来源于《2020 中国水资源公报》。

环境。

4.5 能源基地供水安全保障对策

我国能源基地以煤炭基地、煤电基地、水电基地为主，保障国家能源安全的水资源保障主要对策措施包括：

一是严格落实节能减排要求，提高水资源利用效率。对重大能源工程立项、审批，应严格水资源论证与取水许可审批，合理确定能源生产规模。大力推广先进煤炭采掘和石油开采技术、能源加工转化技术和循环经济模式，降低单位能源生产用水量。火力发电厂应采用空冷等先进冷却方式；同时，加大能源生产和消费过程中的水资源保护力度。

二是调整供水和用水结构，合理配置水资源，增加能源安全的水资源保障能力。通过科学论证，建设一批水资源配置工程，增加能源基地供水能力；加强农业节水、合理调配供水水源和水量置换，在做好节水的前提下，科学确定供水规模，增加水资源可利用量。

三是积极鼓励利用再生水、矿井水和海水等非常规水源。在沿海地区重点拓展海水直接利用与淡化海水利用，北方地区应优先利用矿井水，通过地下水库等方式存蓄和净化矿井水以满足能源基地用水。

此外，应按照适水发展思路，针对不同基地分类施策。全国重点建设的 13 个大型煤炭基地有 8 个位于山西、陕西、宁夏、内蒙古 4 个省（自治区），这些地区水资源紧缺，应采用最为先进的节水工艺和最严格的污染控制措施，并在加大污水处理回用、矿井水等非常规水源利用的同时，增强供水保障能力。对于淮南、淮北、冀中等能源基地，在对现有电厂增加循环用水次数和冷却方式改造前提下，新规划建设的火电厂应采用风冷和空冷等先进冷却方式，降低单位发电用水量。黄河中上游、长江中上游、西南诸河等地区的水电开发，应在保障河流下游生态需水前提下，统筹考虑供水、防洪、航运等要求，充分发挥水资源综合效益。

4.6 粮食基地供水安全保障对策

我国粮食主产区包括辽宁、河北、山东、吉林、内蒙古、江西、湖南、四川、河南、湖北、江苏、安徽、黑龙江 13 个省（自治区），包括太湖平原、鄱阳湖平原、洞庭湖平原、江汉平原、江淮地区、成都平原、松嫩平原、三江平原、珠三角九大商品粮基地。为保障国家粮食基地供水安全需求，应采取以下措施：

一是通过加强农业节水和现有灌区的续建配套与节水改造，提高水资源利用效率。近期已基本完成全国大型灌区和重点中型灌区节水改造，计划 2030 年前完成全部中型灌区的续建配套与改造任务，小微型灌区的灌溉用水利用效率也将逐步提高。预期 2030 年全国节水工程灌溉面积占农田灌溉面积的 80% 以上，全国灌溉水利用系数由 2018 年的 0.55 提高到 0.60。据测算，通过工程措施可实现农业节水 470 亿 m^3，在满足现有灌溉面积的农业生产需求外，适度扩大和恢复部分灌溉面积，可在提高灌溉保证率和恢复扩大灌溉面积后，将节水置换的农业用水量作为生态环境用水，或为城市和工业发展提供水源。

二是强化水资源合理调配，提升农业供水保障能力。在加强农业节水和提高灌溉用水效率的前提下，因地制宜地在水资源尚有潜力地区建设一批水源工程和水资源配置工程，结合工业和城镇供水，通过合理调整水源结构和功能，调配农业供水量；水资源短缺地区应拓展再生水、雨水、矿井水、淡化海水、苦咸水等非常规水源，并推动常规与非常规水源协同配置。通过水资源合理配置，多年平均情况下可保障全国农田灌溉水量不低于 3600 亿 m^3，基本满足正常年份农田灌溉和粮食生产的用水需求。

4.7　重点生态敏感区水安全保障对策

针对不同流域内重要湿地湖泊、重点河流断面的生态用水需求保障，以及地下水超采区的地下水压采和水位恢复要求，重点生态敏感区应采取以下措施：

1）松花江区。通过水资源调配向扎龙、向海、呼伦湖等国际重要湿地，以及科尔沁湿地、七星河湿地、莫莫格湿地等国家级自然保护区增加补水，通过"引呼济嫩"工程，在满足经济社会用水增长的同时，增加嫩江、松花江的生态用水。

2）辽河区。通过引绰济辽、大伙房输水的区域水资源调配，逐步改善和退还西辽河、东辽河、辽河干流等地区挤占的生态用水，缓解西辽河等地区水资源过度开发利用对生态环境的胁迫，维持辽河河口湿地的生态环境用水，增加浑河、太子河等河流的河道内生态需水。

3）海河区。利用跨流域调水和河湖水系连通等措施实现水资源优化配置，退还挤占的生态用水，并利用再生水、汛期弃水等水源，满足白洋淀、黄庄洼、七里海、大黄堡洼、团泊洼、北大港、永年洼、衡水湖、大浪淀和南大港等主要湖泊湿地生态用水需求，增加入海水量，保护河口生态环境。

4）黄河区。通过现有引汉济渭等跨流域调水工程增加黄河水量，在满足河道外用水的同时，确保入海水量年均不低于 200 亿 m^3 的生态保护目标，保证下游冲沙，维护河流功能以及中水河槽和河道内生态用水需求。

5）淮河区。通过南水北调东线，引江济淮、江水北调等工程增加淮河流域可调配水量，改善闸坝调度规则，在满足经济社会用水增长的条件下，保障南四湖、洪泽湖、滨海湿地等河湖湿地生态用水，增加河道内生态用水量及水体流动性，改善水环境，增加下游冲淤保港水量。

6）西北内陆河区。通过调整产业结构和用水规模，以及必要的跨流域调水工程，提高水资源承载能力，修复石羊河、黑河、塔里木河、天山北坡及吐哈盆地、艾比湖等地区生态环境。加强上游山区生态环境修复，涵养水源，修建必要的调蓄工程，中下游合理控制水土资源开发利用规模和强度，逐步退还挤占的生态用水，恢复内陆流域绿洲生态。

7）地下水超采区。对开发强度较大的分散式开发区域应加强对开发利用的监测，控制开采井的密度和强度；超采区应根据节水潜力和水源条件分类制定对策，通过水源置换、节水等综合措施实施压采，逐步实现采补平衡。

第5章 供求关系与分区配置格局

5.1 现状供水能力及增长需求分析

5.1.1 现状供水能力

供水能力是指给定的工程条件下对水资源需求的保障能力,与来水状况、工程条件、需水特性和运行调度方式有关。供水能力反映了对水资源的开发能力,体现了水利服务民生、支撑经济社会发展的能力。

根据上述定义,供水能力即针对特定工程、供水系统和区域,在给定来水条件、用水需求和系统运行调度要求下可以提供的供水总量。因此,针对单个工程、工程系统、区域以及流域,可以分别分析其供水能力。供水能力包括工程供水能力和区域供水能力,工程供水能力包括不同水源类型的单一工程供水能力、不同工程组成的工程系统供水能力;区域供水能力包括区域分类水源供水能力和区域总的供水能力。一般而言,工程供水能力一般应用于工程规划设计,区域供水能力应用于水资源规划等区域流域规划,如图5-1所示。

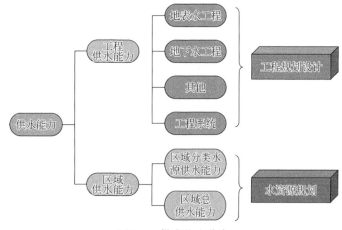

图5-1 供水能力分类

工程供水能力指在给定来水、需求条件下，满足给定要求保证程度的供水量。区域供水能力指区域内供水工程形成的供水系统整体，在给定来水条件、用水水平和工程调度原则下，进行水量调配，所能提供的最大供水量。工程供水能力可以进一步划分为不同水源的工程供水能力，工程供水能力主要用于工程设计分析，而区域供水能力主要应用于区域水资源规划和配置分析。本章以现有的工程体系和配置格局分析现状供水能力，在此基础上分析规划工程建成后的增量以及保障未来需求的保障，为配置总体布局分析提供支撑。

根据全国水资源综合规划对工程供水能力的统计（表 5-1），2000 年全国现状总供水能力为 6480 亿 m³，其中，地表水总供水能力为 5327 亿 m³，地下水总供水能力为 1129 亿 m³，其他水源供水能力为 24 亿 m³。2000 年的实际供水量为 5633 亿 m³，其中，地表水总供水量为 4474 亿 m³，地下水总供水量为 1106 亿 m³，其他水源供水量为 53 亿 m³。2000 年现状总供水能力比实际供水量大近 850 亿 m³。而 2000 年各类工程的设计供水能力为 8193 亿 m³，2000 年实际供水能力为设计供水能力的 76%，实际供水总量为现状工程供水能力的 84%，为设计供水能力的 64%。

表 5-1　2000 年分区工程供水能力　　（单位：亿 m³）

分区	地表水		地下水			其他	总供水能力	
	现状	设计	浅层水	深层水	地下总		现状	设计
松花江区	263	337	145	32	177	0	440	514
辽河区	118	204	111	11	122	1	242	327
海河区	197	487	225	60	285	5	487	777
黄河区	328	408	121	27	148	2	478	559
淮河区	495	746	158	40	198	2	696	946
长江区	2047	2699	42	13	55	6	2109	2761
东南诸河区	327	350	9	1	10	2	339	361
珠江区	855	983	20	10	30	5	890	1018
西南诸河区	83	103	1	0	1	0	85	104
西北诸河区	614	722	99	4	103	1	718	826
全国	5327	7039	931	198	1129	24	6484	8193

从 2000 年的供水能力可以看出，工程设计供水能力大大高于现状供水能力，说明尚有大量骨干工程未建成相应的配套工程，导致其供水能力不能发挥。另外，在水资源短缺的区域，由于大量早期兴建的水利工程未充分考虑资源限制条件以及生态环境基本水量需求，同时存在上下游工程分别独立计算供水能力的问

题,因此工程能力通常高于水资源可利用量,甚至高于区域的水资源总量。

根据 2000 年之后的水利工程建设以及需求变化,分析各分区的供水能力(表 5-2)。现状条件下全国总供水能力为 7052 亿 m³,高于 2000 年以来各流域实际出现的最大总供水量 6646 亿 m³,略高于按照不同水源最大实际供水量统计的合计值 6987 亿 m³。说明现状供水能力基本能保障现有的供水需求,但仍存在供水量超过资源量、地下水超采等不合理供水问题,在干旱等不利条件下存在资源过度开发利用、工程超负荷运行等不合理情况。

表 5-2　现状分区供水能力及实际最大供水量　　　　　　(单位: 亿 m³)

分区	供水能力	最大实际总供水量	不同水源实际最大供水量				
			本地地表水	外调水	地下水	其他	合计
松花江	519	510	293	1	219	5	518
辽河	225	209	98	0	114	7	219
海河	470	400	97	110	270	32	509
黄河	502	404	269	9	138	19	435
淮河	803	658	371	156	195	22	744
长江	2334	2422	2327	24	90	34	2475
东南诸河	385	346	336	0	12	4	352
珠江	995	884	840	1	43	8	892
西南诸河	121	112	108	0	5	1	114
西北诸河	698	701	555	3	166	5	729
全国	7052	6646	5294	304	1252	137	6987

注: 最大实际总供水量是指 2001~2020 年各流域分区实际发生的最大供水量之和,不同水源实际最大供水量为 2001~2020 年各流域实际发生的不同水源的最大供水量。

5.1.2　新增供水能力需求和趋势分析

分析现有的供水能力状况,在全国层面和流域层面其规模均高于现有的实际供水量,但考虑区域分布差异,实际仍有部分缺水地区供水能力低于实际用水需求造成了工程性缺水,同时还存在现状不合理用水和工程能力的正常衰减等问题。因此,供水水平年新增的供水能力需要满足以下几方面的需求(图 5-2):

1)满足新增用水需求。即相对现状,由人口增加、生活水平提高、社会经济规模扩大引起的用水需求增量应被满足。

2)填补现状不合理用水。现状工程及其运行调度下存在的不合理用水,包括地下水超采、挤占生态用水、超指标引水分水等,如海河流域的地下水超采,山东等省引黄水量超指标等。对于现状供水能力中的不合理部分，在其需求不减少的情况下，应通过新增的供水能力予以取代。

3）替代工程能力衰退量。现有工程到未来时期受工程状况老化、库容淤积等因素影响，其能力也会出现衰减。因此，现状供水能力在匹配未来的水资源需求时，需要的增量也需要包含这部分衰退的能力。

4）增加应急保障和储备能力。现有的供水能力分析方法主要针对常规条件下的工程能力，对应急保障和储备能力考虑不足，从增强供水安全角度出发需要提高供水冗余能力，新增加的供水能力应当对这部分需求有所考虑。

按照前面的分析，现状供水挤占河道基本生态流量约为 150 亿 m³，不合理的地下水开采超过 200 亿 m³，这部分供水能力在分析合理供水能力时应扣除。

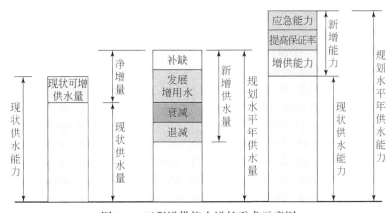

图 5-2　工程增供能力增长需求示意图

工程增供包括已有工程的续建配套建设和新建骨干工程两种方式，同时还需要考虑现有工程过度开发占用生态水量后的能力退减。从现状供水能力变化趋势和需求增长态势分析，供水能力增加的主要途径包括：一是发挥现有工程的效益，通过建设配套工程建设挖掘供水潜力增加供水能力；二是新建地表水和地下水等常规水源工程增加供水能力；三是增加非常规水源供水能力，在有条件和具备用户条件的地区提高废污水处理与回用水平及微咸水、海水淡化等其他水源的开发利用水平；四是在保障生态环境的条件下，通过现有供水系统的优化调度改善供水状况，增加供水能力和应急保障能力。同时，对目前水资源利用量超过其容许开发利用程度的地区，要在当地水资源可供水量中退减目前挤占的河道内生态环境用水以及超采的地下水。针对全国层面各类水源的增供能力分析如下：

1）地表水。地表水是未来供水能力增加的主要来源，考虑黄淮海流域以及西北地区现状地表水利用程度已经比较高，存在挤占生态用水和超指标用水的情况。按照返还河道内最小生态流量分析，现状地表供水中需要退减不合理的供水约为

150 亿 m³，其中海河、黄河、淮河年均挤占河道内生态环境用水分别约为 24 亿 m³、60 亿 m³、36 亿 m³，黄河中下游实际超指标引水多年平均约为 20 亿 m³，西北地区也存在较为明显的生态水量挤占现象。结合水源条件，地表水能力增加的区域为南方的四个流域片和东北的松辽流域，增加的能力主要来自现有工程的配套建设和新建工程，包括跨流域调水工程。考虑现状条件下挤占基本生态用水后地表水的退减，为满足现状未能满足的合理需求和未来增加的需求以及应急保障能力，规划期共需增加地表水供水能力 1200 亿 m³，其中跨流域调水工程供水能力接近 400 亿 m³，包括南水北调东中线等现状已实施的跨流域调水工程配套完成后增加的供水能力。当地地表水供水量主要分布在南方地区和松辽流域，分别增加 500 亿 m³ 和 270 亿 m³。

2）地下水。考虑现有的地下水利用主要集中在北方平原地区，形成了大量的地下水超采和生态问题。现状全国地下水开发利用量为 1057 亿 m³（2016 年数据），相对地下水开采的高峰期已经下降近 80 亿 m³，但北方地区的地下水超采和不合理的深层承压水开采量仍有约 150 亿 m³。未来随着地表供水能力、非常规水源供水能力的增加和南水北调工程的配套建设，通过优化水源结构实现压采，在松花江片区等有开采潜力的地区适当增加地下水开采量，在 2030 年常规地下水开采能力控制在 1000 亿 m³，可以实现采补基本平衡，同时保留 200 亿 m³ 左右的地下水供水能力作为应急备用供水能力。

3）非常规水源。非常规水源利用具有较大的潜力，针对不同非常规水源分析如下：①再生水。按照国家污水资源化政策以及住房和城乡建设部等部委发布的《城市污水处理及污染防治技术政策》，北方缺水城市的再生水直接利用率达到城市污水排放量的 20%～25%，南方沿海缺水城市达到 10%～15%。按照该比例，保守性估算得到我国城市污水再生利用的潜力在 70 亿～100 亿 m³。②雨水。依据现状城市土地利用情况以及降水量统计数据估算，我国雨水资源利用的潜力在保守的低方案下可达到 55 亿 m³，高方案下可达到 90 亿 m³。③海水。海水淡化规模可达 250 万～300 万 m³/d，利用量可以达到 10 亿 m³/a。海水直接利用规模达 1000 亿 m³/a，折合淡水量 50 亿 m³/a。④咸水/微咸水。全国地下微咸水天然资源（矿化度 1～3g/L）多年平均为 277 亿 m³，可开采资源量为 114 亿 m³；半咸水天然资源（矿化度 3～5g/L）多年平均为 121 亿 m³，可开采资源量为 56 亿 m³。依据技术经济可行性分析，苦咸水分布区的苦咸水利用潜力将达到 10 亿 m³/a。全国咸水微咸水的利用总潜力可以达到 170 亿 m³。⑤矿井水。全国煤矿现状排水量约为 70 亿 m³，如果利用率提高到 75%，矿井水可利用量可达 52 亿 m³。

综合上述分析结果，全国非常规水源利用潜力总量保守估计可以达到 400 亿 m³ 以上，约占现状全国总供水量的 7%，是具有重要作用的水源储备。

按照上述分析，扣除现状不合理用水部分的供水能力，考虑各个区域现有规划可以增加的供水能力，到2030年在现状基础上全国供水能力增量为1181亿m³，各分区供水能力及增量情况见表5-3。其中西北诸河区考虑水资源条件的限制，现有供水能力规模已经超过水资源可利用量，供水能力总量不再提升，但需要优化调整结构，确保区域水量开发尽量均衡，适应水资源条件严格控制开发强度，在此基础上增强供水安全保障所需的工程能力。

表5-3　2030年分区供水能力及增量　　　　（单位：亿m³）

分区	地表水	外调水	地下水	其他	总量	增量
松花江区	525	1	225	24	775	256
辽河区	142	8	120	20	290	65
海河区	150	142	180	55	527	57
黄河区	360	26	120	60	566	64
淮河区	526	196	165	65	952	149
长江区	2480	12	86	89	2667	333
东南诸河区	420	2	10	24	456	71
珠江区	1056	16	35	25	1132	137
西南诸河区	160		5	5	170	49
西北诸河区	560	3	100	35	698	0
全国	6387	398	1046	402	8233	1181

上述供水能力主要是满足常规供水要求的能力，对于应急和战略储备供水能力的增量，可以采用三种途径来实施：一是在应急时启用封存的地下水开采井，初步判断地下水压采控制后具有200亿m³的能力；二是通过区域整体配置水网的方式来提供互为应急备用水源的能力；三是非常规水源供水能力的适度冗余，在考虑经济成本条件下，其能力可部分承担常规供水功能，在应急情况下启用作为应急水源。

5.2　节水优先和生态安全发展模式下的用水需求

5.2.1　用水量变化趋势分析

根据2003年以来《中国水资源公报》统计，全国用水总量总体呈缓慢上升趋势，2013年后基本稳定。其中生活用水呈持续增加态势；工业用水从总体增加转为逐渐趋稳，近年来略有下降；农业用水受气候和实际灌溉面积的影响上下波动。生活和工业用水占用水总量的比例逐渐增加，农业用水占用水总量的比例有所减少。

从区域用水量变化趋势来看，主要存在基本平稳、稳定增加和先增后减三种类型。海河、黄河下游、东南诸河和珠江四个流域片区用水量呈现总体平稳状态，逐年用水量变化幅度在 10% 以内，近年用水量与 2003 年基本持平；辽河、黄河上游、太湖和东南诸河四个流域片区呈现先增后减的趋势，近期用水量相对 2003 年持平或略有增加；松花江、黄河中游、淮河、长江上游、长江中游、长江下游、西南诸河和西北诸河八个流域片区呈现明显增加趋势，其中长江下游增幅最大，超过了 50%，其次为松花江，达到 40%，但总体呈现增幅减缓的态势，其中淮河和西北诸河两个流域片区近期呈现明显下降趋势。

2003 年以来，用水效率明显提高，全国万元 GDP 用水量和万元工业增加值用水量均呈显著下降趋势，耕地实际灌溉亩均用水量总体上呈缓慢下降趋势，人均综合用水量维持在 $400 \sim 450 m^3$。2017 年与 2003 年相比，亩均灌溉用水量由 $428 m^3$ 下降到 $377 m^3$，万元 GDP 用水量下降 67%，万元工业增加值用水量下降 70%。

由于我国南北方、东西部水资源条件差异显著，各分区水资源开发利用条件和程度不同，未来用水变化的约束条件也明显不同。存在资源刚性约束区域，如西北内陆河流域、海河流域、辽河流域等，已经超过可开发利用的上限，甚至达到资源利用的极限，除非实施大规模的跨流域调水，进一步增加用水的潜力极小，甚至需要退减夺取生态的用水。同时也存在生态环境保护的弹性约束区域，如淮河流域、长江流域、西南诸河等区域，尚有一定的水资源开发利用空间，但是受到土地资源条件限制以及河湖生态流量保护、水质改善等约束，难以大规模、大范围增加经济社会用水。总体而言，受水资源刚性约束和最严格水资源管理等管控要求限制，现有工程布局条件下用水量增长空间有限。

5.2.2 需求趋势判断

作为社会经济需水的关键因子，人口数量决定经济规模，因此，人口数量对需水规模具有决定性作用，需水分析首先需要识别人口增长。不同的预测结果均表明，我国人口高峰可能会在 $2030 \sim 2040$ 年出现，高峰人口应该在 14.2 亿 ~ 15 亿。参考发达国家的经验，峰值之后随着生活水平提高和生育意识的转变，人口总量应该总体呈现稳定甚至下降趋势。

产业发展规律也决定了需水变化态势。1949 年以来，我国用水总量整体上经历了一个快速增长的过程, 2000 年以后各行业用水量总体上呈现出农业用水总量相对稳定并随降水状况上下波动, 工业用水先增长再稳定, 生活和生态用水比例持续上升的趋势。在今后一段时期内这一行业用水变化趋势仍将延续, 用水需求总量将不断增长, 但增速逐步放缓。目前我国仍处于工业化加速发展的重要阶段, 工业用水量占总用水量的五分之一左右。尽管通过建设资源节约型、环境友好型工业可以提高工业特别是高用水行业的用水效率, 然而自实施最严格水资源管理制度以来, 火力发电、钢铁、石油及化工、造纸、纺织、煤炭等高用水行业节水工作已经得到深入推进, 在重复利用、废水回用、非常规水资源利用等方面取得积极进展, 重点用水行业单位产品水耗与国际先进水平的差距缩小, 因此今后的节水潜力明显下降。未来工业节水将更多围绕工艺节水展开, 主要依靠工艺技术进步, 推动难度相对较大。因此, 随着工业化进程的加快, 在 2030 ~ 2040 年达到用水高峰之前, 工业用水量还将持续增长。

根据对人口增长和社会经济发展的基本判断, 全国的水资源需求增长态势将呈现以下特征:

1) 随着我国城镇化、工业化进程及人口总量增长, 用水需求总量将不断增长, 但增速逐步放缓, 将在 2030 ~ 2040 年达到用水峰值。随着节水技术的改进和生活水平的提升, 行业用水将延续农业用水相对稳定, 工业和生活用水持续增加的趋势。通过分析国内外经济发达国家和地区第三产业在三次产业结构中的比例、人均 GDP 以及城市化率与总用水量的关系, 发现一个国家或地区的第三产业占 GDP 的比例达到 60% 左右、城市化率为 70% ~ 75% 时, 其总用水量达到峰值。采用这种方法对我国的用水量进行分析, 同时结合人口、社会发展等多种因素, 我国将在 2030 年后达到用水高峰, 随后我国进入后工业化阶段, 产业结构趋向合理化, 人口规模稳定, 总用水量将出现趋于平稳和逐渐下降的趋势。

根据最新的人口统计数据和人口政策分析, 未来我国人口总量的高峰期将出现在 2030 年以后, 人口总数将达到 14.5 亿左右。目前我国城镇人口占比已经超过 60%, 研究表明城镇化率在超过 50% 以后速度还会加快, 预计 2040 年左右我国城镇化率达到 75%, 在 2050 年会超过 75% 甚至 80% (图 5-3)。城市人口将大量增加, 用水定额高的城镇人口占比会大幅度提高, 而且农村人口的生活水平也会不断提高。尽管节水技术的发展有助于减少生活用水, 但节水技术的发展还难以完全抵消推动生活用水增加的三大因素——人口增长、城镇化和生活水平的提高, 因此我国生活用水的增长还将持续较长的时间。尤其是随着我国人口政策调整, 人口生育高峰出现时间可能延迟, 变化趋势不确定性增加, 人口总量有可能超过原有预期水平, 人口增加导致用水刚性需求也将随之加大, 而生活用水对供水能力提升和水源配置优化具有不同于其他类别用水的特点, 同样的需求需要更高的供给和配置保障能力。

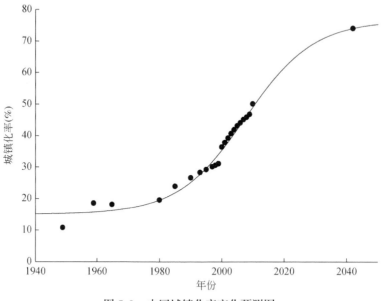

图5-3　中国城镇化率变化预测图

2）工业用水仍有一定增长空间，但不同区域会呈现不同趋势。从我国现在的工业化发展阶段来看，工业用水需求还将在较长一段时间内持续增长。其原因在于一方面我国仍处于重化工阶段，能源、原材料消耗未达到顶点，经济规模仍将保持快速增长态势；另一方面过去十多年我国发展速度很快，但经济结构优化升级缓慢。实践表明，寻找新增长模式的经济转型是一个渐进式的过程，不可能一蹴而就。在结构性节水难以快速实现而经济规模又必然持续增长的前提下，工业用水还将持续上涨一段时间。

在工业用水增长中，特别需要关注能源基地带来的供水压力。为了满足全国能源增长的需求，国家战略性地开展了山西、鄂尔多斯盆地、内蒙古东部地区、西南地区和新疆五大国家综合能源基地建设。五大国家综合能源基地中，除西南地区是以水电为主体兼有煤炭和火电外，山西、鄂尔多斯盆地、内蒙古东部地区和新疆均是以煤炭开采加工、煤化工、火力发电、石油开发及天然气开发为主，属高用水产业，而山西、鄂尔多斯盆地、内蒙古东部地区和新疆均属于我国北方缺水乃至严重缺水地区。能源开发及其下游产业链条带来的巨大水需求将使有限的水资源承受更大压力。同时，减少碳排放的国家战略也会给能源产业发展带来影响约束控制。

3）农业用水受挤占的压力将越来越大，水与粮食安全的矛盾将更加突出，确保粮食安全的基本灌溉用水需求必须保障。从已有的发展轨迹看，农业无论从用水总量还是用水占比都呈现逐步下降的趋势。其中因素既包括农业节水技术提升、种植结构优化调整带来的合理需水减少，也包含城镇用水需求增加后挤占农业用水，同时耕地撂荒一定程度也降低了农业用水需求，而后两种因素并非农业用水真实需求的反映，一定程度会影响国家粮食安全。

影响我国粮食安全的主要不利因素是耕地面积减少的局面难以扭转。生态文明建设下的退耕力度加大，城镇化建设占用耕地的趋势明显，同时后备耕地资源严重不足，通过后备耕地资源开发新增耕地难以平衡非农建设占用耕地面积。因此，未来粮食增产的主要途径是提高单产，而提高单产最有效的方式仍然是提高灌溉率。尽管我国大力发展农田灌溉，耕地灌溉率大幅提升，截至 2019 年全国耕地灌溉面积达到 10.2 亿亩，灌溉率为 50.3%，仍然有近一半的耕地处于雨养状态，还需进一步提升耕地灌溉率，尤其是东北地区等北方粮食主产区的灌溉率和供水保障水平。

粮食安全是国家基本战略，"确保谷物基本自给、口粮绝对安全"是粮食安全目标。谷物基本自给是我国永久性粮食安全战略目标。我国谷物产量约占粮食总产量的 93%，谷物消费量约占粮食总消费量的 82%。因此，必须保障谷物自给率在 90% ~95% 以上，即正常年份 95% 以上自给，极个别年份不低于 90%。

按照全国主体功能区划，在气候适宜、土壤养分条件较好、水土资源相对匹配的东北平原、黄淮海平原等区域划定了七个农产品主产区作为我国主要的粮食生产区，主要分布在相对缺水的北方地区。从近 40 年的粮食生产变化趋势看，南方与北方粮食产量比值从 1982 年的 62：38 逐步调整到 2020 年的 41：59，历史上"南粮北运"的粮食生产消费格局已经转变为"北粮南运"。2020 年与 2010 年相比，全国粮食产量增加了 1.23 亿 t，其中北方省份除北京外产量均增加，占总增产量的 81.5%。南方粮食增产省份不足半数，增产量最大的是安徽和江苏，实际其主要粮食产区仍然是地理上属于北方的黄淮海平原。

从全国粮食生产分布来看，全国产量最高的 3 个省份分别是黑龙江、河南、山东，3 省粮食总产量占全国的 30% 左右。在全国耕地面积保持不变的条件下，近期粮食增产主要来自单产的提高，占耕地总面积 50.3% 的灌溉面积生产了 75% 的粮食、90% 的经济作物，未来粮食作物单产的增长在很大程度上仍然依靠水利。根据中国农业科学研究院预测，为保障口粮安全，2030 年人口数量基本达到高峰时，粮食消费需求总量为 8.15 亿 ~9.14 亿 t（人均 570 ~640kg/（人·a），含饲料粮），其中谷物 6.60 亿 ~7.40 亿 t。按照《全国现代灌溉发展规划》和《全国水中长期供求规划》，到 2030 年我国灌溉面积将达到 11.4 亿亩，较现状增加 2000 ~3000 万亩，新增灌溉面积主要集中在黑龙江、四川、内蒙古、吉林等地，结合《全国新增 1000 亿斤粮食生产能力规划（2009—2020 年）》所确定的 800 个产粮大县分布，北方地区尤其是松辽平原、黄淮海平原仍然是粮食增产和保障粮食安全的重点地区。可以预见，粮食生产重心北移的趋势还会进一步加剧，在北方地区现状农业用水缺口比较大的前提下，新增粮食生产任务的用水保障将会面临更大的挑战。

4）生态需求的保障重要性提高，经济与生态用水竞争关系越发突出。水作为生态系统的关键控制因素，是生态健康的基础，保障生态水量配置也是实现国家生态文明战略的基石。早期的水利建设重经济而轻生态，导致历史上对生态环境欠账太多，随着生态文明建设被纳入中国特色社会主义事业总体布局，生态用水需求将出现长期持续增长，而在有限的水资源条件下必然带来二者水量配置的矛盾。

随着经济社会发展，水资源配置的任务已从农业灌溉等传统任务，发展成为涵盖水资源供给、水环境保护、水生态修复和水灾害防治的综合性任务，涉及社会、经济、生态的各个方面，面临着气候变化、产业布局不匹配、区域发展不均衡、突发水污染事件增多、生态欠账多等多重危机和挑战。水资源问题规模已从局部或部分河段扩展为流域性、区域性影响。当前我国社会经济转型正处于攻坚阶段，一方面是水供给面临的生态保护、污染防治的边界约束日益严重，另一方面是对水需求的量、质、保障率要求不断提高。总之，生态安全和环境健康的维持都离不开对经济用水需求的控制和增强生态用水的保障，反映了生态重要性提高后的水资源配置需求。

5.2.3 需水总量分析

按照最严格水资源管理三条红线的控制指标要求，到 2030 年全国的水资源用水需求应控制在 7000 亿 m³。根据前述对未来用水需求发展态势的判断，2030 年前后全国需水将达到峰值，在坚持节水优先、效率提升等综合措施前提下，需水可以控制在 7000 亿 m³ 以内。结合各个流域的保障需求和用水变化趋势分析，2030 年全国的多年平均需水峰值为 6800 亿 m³，枯水年需水达到 7097 亿 m³，如表 5-4 所示。

表 5-4   2030 年分区河道外需求峰值预测   （单位：亿 m³）

分区	历史和现状供水		2030 年分行业需水（多年平均）				合计	
	2000 年	现状	生活	工业	农业	生态	多年平均	枯水年
全国	5697	6043	1134	1471	3842	353	6800	7097
松花江区	402	497	46	52	436	42	576	614
辽河区	214	190	42	32	144	13	231	244

续表

分区	历史和现状供水		2030 年分行业需水（多年平均）				合计	
	2000 年	现状	生活	工业	农业	生态	多年平均	枯水年
海河区	410	370	106	58	269	19	452	477
黄河区	423	395	69	75	310	24	478	489
淮河区	590	616	146	111	467	12	736	746
长江区	1798	2060	391	779	1091	49	2310	2443
东南诸河区	328	313	98	116	158	7	379	392
珠江区	844	836	195	198	485	12	886	931
西南诸河区	94	105	17	16	114	3	150	159
西北诸河区	594	661	24	34	368	176	602	602
北方地区	2633	2729	433	362	1994	286	3075	3172
南方地区	3064	3314	701	1109	1848	67	3725	3925

注：生态用户为城乡生态与环境补水量，与《水资源公报编制规程》（GB/T 23598）一致，2000 年供水数据为全国水资源规划结果。现状供水选用"十三五"期间供水量最大的 2017 年数据。

需要说明，表 5-4 中全国和区域的结果为各个流域需求峰值的直接汇总，考虑各个区域达到峰值的时间差异，全国总需水的峰值应低于该值。

2030 年，农业用水比例由现状年的 65% 降低到 56%，工业及生活用水比例由 32% 调整为 38%，全国生活需水量为 1134 亿 m³，工业需水量为 1471 亿 m³。在流域分区中，长江区需水量最大，西南诸河区最小。从南北方的需求分布来看，由于粮食、能源以及生态环境补水等主要的需求增加用户集中在北方，北方地区的需水占全国的比例与现状基本一致，仍维持在 45% 左右。

5.3　区域荷载均衡分析

5.3.1　资源与需求对比分析

由于水资源分布与我国的社会经济布局总体上不协调，采用分区域承载能力、资源条件、供水能力、需水等指标分析区域的水资源荷载均衡状况。

水资源承载能力分析可为流域区域经济发展和生态环境保护的长远战略规划提供科学的决策依据。按照流域水资源可利用量评估，北方地区人口与经济规模实际已经普遍超过水资源承载能力，导致地下水超采、河流断流等生态问题，一定程度制约了经济发展。通过水资源承载能力与未来需求对比分析，可以初步判断各个流域水资源条件与经济社会发展的匹配关系，进而根据水资源承载能力状况制定调整供需两端调控手段的策略，通过需求控制、工程规划建设和必要的跨流域水量调配，合理安排经济社会与生态环境用水，促进水资源的可持续利用和经济社会的高质量发展。

我国自从施雅风和曲耀光（1992）提出水资源承载能力的概念，已有大量相关研究成果。总体而言，现有的水资源承载能力分析方法通常是针对水资源与经济社会的关系，采用指标评价，提出不同水资源条件下可以合理支撑的经济社会规模。中国水利水电科学研究院在"全国水资源综合规划"专题研究中提出了三层次水资源承载能力分析方法，采用万元 GDP 产业用水量和区域水资源可利用量计算可承载的经济规模和人口数量，方法简单实用，可依托水资源规划数据针对不同区域进行评价。该方法第一层次是评价水资源承载能力主体，以区域水资源可利用量为指标；第二层次是评价水资源承载客体，即水资源支撑的经济社会系统和生态环境系统，采用经济发展水平和用水水平作为评价指标；第三层次是主客体的耦合，即水资源到用水户的合理用水分配，体现不同水源条件可能的约束。该方法主要依托水资源量和经济社会发展水平分析，概念清晰并可以借助水资源规划以及统计数据进行计算，便于实际工作操作。通过该方法可以确定各流域现有水资源条件可以支撑的人口、经济规模，通过与现状实际经济社会状况对比，分析水资源的超载和富余状况，为未来的水资源供需调控提供决策参考。

根据三层次水资源承载能力分析方法，得出不同承载标准下分区水资源对人口的承载能力，如表 5-5 所示。

表 5-5 不同承载标准下分区水资源对人口的承载能力

分区	2020 年现状（亿）	人口承载能力（亿）			2020 年现状/承载能力		
		全面小康	基本现代化	现代化	全面小康	基本现代化	现代化
全国	14.12	17.51	16.85	16.86	0.81	0.84	0.84
松花江区	0.53	0.93	0.87	0.84	0.57	0.61	0.63
辽河区	0.52	0.63	0.62	0.58	0.83	0.84	0.90
海河区	1.54	1.37	1.31	1.26	1.12	1.18	1.22
黄河区	1.18	1.16	1.06	1.17	1.02	1.11	1.01
淮河区	2.08	1.59	1.7	1.47	1.31	1.22	1.41
长江区	4.67	6.1	5.51	5.49	0.77	0.85	0.85
东南诸河区	0.91	1.2	1.22	1.23	0.76	0.75	0.74
珠江区	2.11	2.75	2.82	3.07	0.77	0.75	0.69

续表

分区	2020年现状（亿）	人口承载能力（亿）			2020年现状/承载能力		
		全面小康	基本现代化	现代化	全面小康	基本现代化	现代化
西南诸河区	0.23	1.5	1.47	1.44	0.15	0.16	0.16
西北诸河区	0.35	0.28	0.27	0.31	1.25	1.30	1.13

注：2020年人口第七次人口普查数据，按照流域分区划分。

从各分区水资源对人口的承载能力分析来看，黄河流域、海河流域、淮河流域以及西北诸河目前的人口现状已经超出了区域的承载能力，辽河流域也已经基本达到了承载能力的上限水平，松辽流域、长江流域的人口承载空间在未来会不断减少，但均不会超过地区的基本承载能力，珠江流域、东南诸河会随着用水效率的提升而出现承载空间增加的局面，而西南诸河地区发展速度比较稳定，在未来则有相对较大的水资源承载能力和开发潜力。

按照上述可承载人口计算，各流域分区达到现代化水平时的水资源承载状况和用水效率状况如表5-6、图5-4所示。现代化水平下全国可承载的GDP总量为229.3万亿元（2020年价格水平），万元GDP用水量为35.5m³，人均用水量为483m³。西北诸河区、松花江区由于承担较多的农业生产任务，农业用水占比高导致用水综合效率较低，万元GDP用水量和人均用水量较高。海河流域片区受水资源条件限制，必须走高效节水的产业发展道路，万元GDP用水量和人均用水量均为最低，表明本地用水效率较高，承载能力的提升需要通过增加外调水来实现。

表5-6 现代化水平下分区水资源承载状况

分区	人均水资源量（m³）	人均用水量（m³）	万元GDP用水量（m³）	可承载GDP总量（万亿元）
全国	1644	483	35.5	229.3
松花江区	1776	786	57.8	11.4
辽河区	859	414	30.4	7.9
海河区	294	188	13.8	17.1
黄河区	615	338	24.9	15.9
淮河区	620	348	25.6	20.0
长江区	1814	515	37.9	74.7
东南诸河区	1623	455	33.5	16.7
珠江区	1538	402	29.6	41.8

续表

分区	人均水资源量 （m³）	人均用水量 （m³）	万元 GDP 用水量 （m³）	可承载 GDP 总量 （万亿元）
西南诸河区	4010	679	49.9	19.6
西北诸河区	4116	1597	117.4	4.2

注：现代化水平为人均 GDP 达到 2 万美元，按 1∶6.8 汇率折算至人民币，按照 2020 年可比价格水平计算。

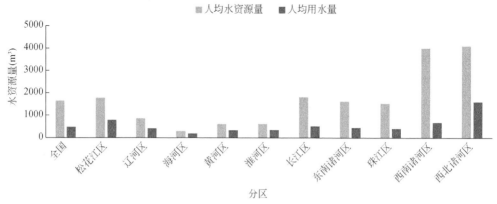

图 5-4　现代化水平下分区人均水资源承载状况

通过分析水资源承载能力可以看出，未来国家经济社会结构以及整体发展战略调整需要综合考虑不同区域、不同层次间的荷载均衡关系，找到社会经济总体发展与水资源开发之间的合理均衡点，实现水资源的可持续利用。

5.3.2　供水能力与未来需求峰值对比分析

根据前面的分析，全国现状总供水能力为 7052 亿 m³，到 2030 年多年平均需水峰值为 6800 亿 m³（本章以下简称需水）。对比分析各流域分区的水资源可利用量、现状年供水能力和多年平均需水量，全国层面总的供水能力高于多年平均需水量，与枯水年需水量相当，但各分区有所差异，如图 5-5 所示。

从水资源分区来看，珠江区的水资源可利用量和供水能力大于未来的需水量，可以较好地满足未来需求，重点是实施区域内部的水量调控分配。黄河区、淮河区、海河区和西北诸河区虽然供水能力大于需水量，但是由于可利用水量少，实际存在比较突出的生态和经济用水竞争关系，在水资源刚性约束控制条件下难以保障供需平衡，难以满足刚性发展需求，必须考虑适度跨流域调水支撑区域的重点发展目标。松花江区和西南诸河区均为供水能力小于需求，必须考虑提

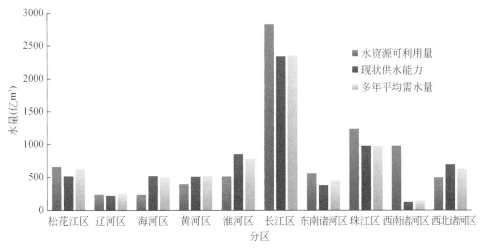

图 5-5　各分区水资源可利用量、现状供水能力和多年平均需水量

高流域工程供水能力。长江区和东南诸河区水资源可利用量大于需水，但现状供水能力和需求相当，考虑区域内部均衡，也需要补齐工程短板，完善区域内部的配置能力，解决重点、难点区域的水量配置问题。

　　进一步比较各水资源一级区的水资源条件、工程能力和未来需求，如表 5-7 和表 5-8 所示。

表 5-7　分区水资源条件、现状供水能力和 2030 年需水对比　　（单位：亿 m³）

分区	地表水资源量	地下水资源量	不重复量	水资源总量	地表水资源可利用量	水资源可利用量	现状供水能力	现状需求	2030 年需水	2030 年枯水需求
全国	26 705	8 068	1 013	27 718	7 524	8 140	7 052	6 386	6 800	7 097
松花江区	1 296	478	196	1 492	542	660	519	431	576	614
辽河区	408	203	90	498	184	240	225	227	231	244
海河区	216	235	154	370	110	237	470	462	452	477
黄河区	607	376	113	720	315	396	502	486	478	489
淮河区	677	397	234	911	330	512	803	705	736	746
长江区	9 856	2 492	102	9 958	2 827	2 827	2 334	2 108	2 310	2 443
东南诸河区	1 988	517	8	1 996	560	560	385	366	379	392
珠江区	4 708	1 160	14	4 722	1 235	1235	995	871	886	931
西南诸河区	5 775	1 440	0	5 775	978	978	121	107	150	159

续表

分区	地表水资源量	地下水资源量	不重复量	水资源总量	地表水资源可利用量	水资源可利用量	现状供水能力	现状需求	2030 年需水	2030 年枯水需求
西北诸河区	1 174	770	102	1 276	443	495	698	623	602	602
北方地区	4 378	2 459	889	5 267	1 924	2 540	3 217	2 934	3 075	3 172
南方地区	22 327	5 609	124	22 451	5 600	5 600	3 835	3 452	3 725	3 925

注：数据源自《中国水资源及其开发利用调查评价》。

表 5-8　分区现状用水、2030 年需水和水资源量对比

分区	现状用水/水资源总量	现状用水/2030 年需水	现状供水能力/2030 年需水	现状供水能力/2030 年枯水需求	2030 年需水/水资源总量	2030 年枯水需求/75% 水资源总量
全国	0.22	0.89	1.04	0.99	0.25	0.27
松花江区	0.33	0.86	0.90	0.85	0.39	0.52
辽河区	0.38	0.82	0.97	0.92	0.46	0.64
海河区	1.00	0.82	1.04	0.99	1.22	1.75
黄河区	0.55	0.83	1.05	1.03	0.66	0.81
淮河区	0.68	0.84	1.09	1.08	0.81	1.09
长江区	0.21	0.89	1.01	0.96	0.23	0.27
东南诸河区	0.16	0.83	1.02	0.98	0.19	0.24
珠江区	0.18	0.94	1.12	1.07	0.19	0.22
西南诸河区	0.02	0.70	0.81	0.76	0.03	0.03
西北诸河区	0.52	1.10	1.16	1.16	0.47	0.50
北方地区	0.52	0.89	1.05	1.01	0.58	0.73
南方地区	0.27	1.62	1.03	0.98	0.17	0.19

可以看出，简单对比供水能力和需求差距，多年平均条件下全国总的供水能力大于需求，但各个流域差异极大。东北和西南地区均表现为供水能力小于未来需求，必须加强水利工程设施基础建设，其中又以松花江流域差距最大，需要重点提高工程能力。北方地区中黄河区、淮河区、海河区和西北诸河区 4 个水资源一级区虽然现状工程供水能力大于需求，但主要矛盾在于水资源量不足，缺水风险仍然十分大，主要问题在于资源型缺水。

新增的供水量中除满足需水增量外，还需要通过水源置换退减地下水超采和

挤占的河道内生态环境用水约为 400 亿 m³，剩余的新增供水量用以满足改善生态环境用水的需求。按照水资源利用现状以及考虑未来的发展需求，海河流域、黄河流域、淮河流域和西北诸河流域等地区不论是现状还是未来均已处于超载状态，属于水资源刚性短缺地区，需要通过跨流域调水等工程措施的实施来缓解流域极度缺水的状态。其他流域，总体可以通过内部水量调配实现水资源约束下的供需平衡，从优化区域内部供水格局、增强枯水年供水保障和供水安全的角度出发，仍需加强区域的整体供水配套设施建设，提高供水能力和水资源调控能力，实现更高效的水源调控。

5.4　总体配置格局

考虑实施节水和供水工程建设任务后，各流域基本可以实现供需平衡，通过各类配置结果分析提出配置格局。

5.4.1　生活生产与生态用水配置

本书以强化节水模式的水资源供需分析成果为基础，以维系良好生态环境为前提，协调流域和区域水资源承载能力与经济社会发展格局的匹配关系，保障供水安全和水资源可持续利用目标。在规划工程建成对应需水峰值条件下，河道外多年平均需水量 6800 亿 m³ 可以全部满足，相应的水资源消耗量为 4463 亿 m³，占全国水资源总量的 16%，留给自然生态系统的水量约为 2.32 万亿 m³，占水资源总量的 84%。该配置方案基本保障了经济社会发展对水资源的需求，同时也基本满足了主要江河河道内生态环境用水的要求。2030 年，全国河道外用水消耗的水资源量相当于水资源可利用总量的 56%，各水资源分区消耗的本地水资源均控制在其水资源可利用量范围内，目前挤占的河道内生态环境用水和超采的地下水基本得到退减。

2030 年，北方地区配置河道外经济社会用水量为 3075 亿 m³，相应的水资源总消耗量为 2366 亿 m³，其中，本地供水消耗量为 2007 亿 m³，相当于其水资源可利用总量的 79%；自然生态系统留用的总水量为 3259 亿 m³，相当于其本地水资源总量的 62%。南方地区配置的河道外经济社会供水量为 3725 亿 m³（此外，南方地区向流域外调出水量 441 亿 m³），相应的本地供水总消耗量为 2538 亿 m³，相当于其水资源总量的 11%、水资源可利用量的 45%。不考虑调出水量，南方地区本地用水消耗量为 2097 亿 m³，占水资源总量的 9%，占水资源可利用量的 37%。南方地区自然生态系统留用水量为 1.99

万亿 m³，占水资源总量的 89%。2030 年分区经济社会与自然生态系统水量配置成果见表 5-9。

表 5-9　2030 年分区经济社会与自然生态系统水量配置成果

分区	水资源总量（亿 m³）	调入水量（亿 m³）	调出水量（亿 m³）	河道外供水量（亿 m³）	河道外供水耗水（亿 m³）	本地水资源供水耗水（亿 m³）	自然生态系统留用水量（亿 m³）	自然生态系统用水占水资源总量比例（%）
全国	27 716	588	506	6 800	4 463	4 545	23 171	84
松花江区	1492	11	1	576	400	410	1 082	73
辽河区	498	1	11	231	171	161	337	68
海河区	370	0	163	452	363	200	170	46
黄河区	719	97	98	478	355	354	365	51
淮河区	911	2	190	736	596	408	503	55
长江区	9 958	462	18	2 310	1 324	1 768	8 190	82
东南诸河区	1 995	15	0	379	210	225	1 770	89
珠江区	4 722	0	17	886	455	438	4 284	91
西南诸河区	5 775	0	1	150	108	107	5 668	98
西北诸河区	1 276	0	7	602	481	474	802	63
北方地区	5 266	111	470	3 075	2 366	2 007	3 259	62
南方地区	22 450	477	36	3 725	2 097	2 538	19 912	89

注：1. 调入水量和调出水量分别是指跨水资源一级区的调入水量和调出水量，二者差值为调水过程的输水损失；2. 河道外供水量不含跨水资源一级区的调水输水损失；3. 河道外供水耗水是指包括跨水资源一级区调水输水损失的供水水资源消耗量，本地水资源供水耗水是指本流域内水资源供水的消耗量，不包括调入水量的用水耗水和调水输水损失；4. 自然生态系统留用水量为扣除经济社会用水消耗后的水资源量，包括用水消耗后回归水循环系统的水量，由本地水资源量加上调入水量，再减去调出水量和河道外供水耗水后得出。

5.4.2　水资源配置总体格局

我国水资源分布与经济社会发展格局不相匹配，在分析各地区水资源承载能力和供水可能的基础上，通过产业结构与经济布局的调整和供水格局优化，完善全国水资源配置总体格局。到2030年，我国北方地区人口、GDP和耕地面积分别约占全国总量的45%、47%和62%，通过各种节约用水措施和提高本地水资源承载能力的措施，峰值需水条件下北方地区配置河道外用水量为3075亿 m³，占全国总配置水量的45%，相应的水资源的消耗量为2366亿 m³，占全国总消耗量的53%；南方地区2030年人口、GDP和耕地面积将分别约占全国总量的55%、53%和38%，通过各种节约用水措施和供水设施的建设，峰值需水条件下南方地区配置河道外用水量为3725亿 m³，占全国总配置水量的55%，相应对水资源的消耗量为2097亿 m³，占全国总消耗量的47%。相对现状供用水格局，未来我国水资源不合理的配置格局将得到极大改善。2030年分区河道外水量配置成果见表5-10。

表5-10　2030年分区河道外水量配置成果　（单位：亿 m³）

分区	水资源总量	水资源可利用量	河道外供水		水资源消耗量
			总供水量	调入调出水量	
全国	27 716	8 140	6 800	82	4 464
松花江区	1 492	660	576	10	400
辽河区	498	240	231	−10	171
海河区	370	237	452	−163	363
黄河区	719	396	478	−1	355
淮河区	911	512	736	−188	596
长江区	9 958	2 827	2 310	444	1 324
东南诸河区	1 995	560	379	15	210
珠江区	4 722	1 235	886	−17	455
西南诸河区	5 775	978	150	−1	108
西北诸河区	1 276	495	602	−7	481
北方地区	5 266	2 540	3 075	−359	2 366
南方地区	22 450	5 600	3 725	441	2 097

注：调入调出水量指跨一级流域区的调水，采用流域调入调出累计统计，正值是指向外流域调水，负值是指接受外流域调水，调入调出差值为输水损失。

5.4.3　主要用水行业水量配置

配置城乡生活用水量1134亿 m³、工业供水量1471亿 m³、农业供水量3842亿 m³、河道外生态建设水量354亿 m³，分别占总用水量的16.7%、21.6%、56.5%和5.2%，基本保障居民生活水平提高、经济发展和生态环境改善的用水要求。2030 年分区分行业水量配置成果见表 5-11。

表 5-11   2030 年分区分行业水资源配置结果

分区	生活			工业			农业			生态		供水量			
	地表	地下	其他	地表	地下	其他	地表	地下	其他	地表	其他	地表	地下	其他	小计
松花江区	34.5	6.8	4.7	36.0	11.3	4.7	288.6	146.3	1.1	30.0	12.0	389.1	164.4	22.5	576
辽河区	25.0	12.0	5.0	20.0	6.0	6.0	83.0	60.0	1.0	7.0	6.0	135.0	78.0	18.0	231
海河区	62.5	27.0	16.5	14.5	27.0	16.5	177.9	90.0	1.1	8.0	11.0	262.9	144.0	45.1	452
黄河区	36.0	18.0	15.0	33.0	24.0	18.0	247.0	60.0	3.0	11.4	12.6	327.4	102.0	48.6	478
淮河区	108.3	24.8	12.9	53.8	24.8	32.4	399.7	66.0	1.3	4.2	7.8	566.0	115.6	54.4	736
长江区	364.6	8.6	17.8	730.5	12.9	35.6	1051.4	37.0	2.6	31.2	17.8	2177.7	58.5	73.8	2310
东南诸河区	92.2	1.0	4.8	102.5	1.5	12.0	154.5	3.0	0.5	3.4	3.6	352.6	5.5	20.9	379
珠江区	186.5	3.5	5.0	184.5	3.5	10.0	468.8	15.8	0.4	3.0	5.0	842.8	22.8	20.4	886
西南诸河区	15.3	0.5	1.2	14.3	0.5	1.2	112.0	1.8	0.2	1.5	1.5	143.1	2.8	4.1	150
西北诸河区	2.0	15.0	7.0	2.0	25.0	7.0	315.6	50.0	2.4	158.5	17.5	478.1	90.0	33.9	602
北方地区	268.3	103.6	61.1	159.3	118.1	84.6	1511.8	472.3	9.9	219.1	66.9	2158.5	694.0	222.5	3075
南方地区	658.6	13.6	28.8	1031.8	18.4	58.8	1786.7	57.6	3.7	39.1	27.9	3516.2	89.6	119.2	3725
全国	926.9	117.2	89.9	1191.1	136.5	143.4	3298.5	529.9	13.6	258.2	94.8	5674.7	783.6	341.7	6800

全国城乡生活配置水量由现状的 822 亿 m³ 增加到 1134 亿 m³，是增量最大的用户，但增长速度逐步减缓。北京、天津、上海、浙江、广东等经济发展程度较高、城镇化和工业化水平较高地区的生活用水比例达 20% 以上。城镇生活供水量占全国城乡生活供水量的 80% 以上。

全国农业生产配置水量 3842 亿 m³，与现状相比略有增加，占总用水量的比例由现状的 62% 降为 53%，13 个粮食主产区农业用水占全国农业供水的 70% 以上，东北和长江中下游等水土资源相对丰富地区适当增加部分农业供水量，其余地区农业发展主要依靠节水解决。北方的黄河、淮河、海河、辽河区以及西北诸河区还要通过节水和水源置换，从现状农业供水中退还部分挤占的生态环境用水和超采的地下水。

工业配置水量相对现状增加近 200 亿 m³，河道外生态建设配置水量相对现状增加近 210 亿 m³，是增幅最大的用户。

对比现状用水和未来供需结果可以看出，考虑未来的能源基地、粮食基地等分布状况和节水实施强度，未来全国南北方的需求总量仍维持在 45：55 的格局，与现状基本持平。从用户来看，生活和工业用水上升，农业用水稳定。对比区域分布可以看出，南方地区生活和工业用水仍高于北方，而北方农业和生态用水高于南方，但与现状相比差距有所缩小。该结果说明，在现状水源不足的条件下，北方地区实际需求并未完全满足，未来在南水北调等重点配置工程和国家水网建设完成后，需求可以基本得到满足，供水保障程度提高。同时由于新增的灌溉面积更多在北方，北方总体仍然维持农业用水更大的格局。而生活和工业用水差距缩小，说明随着生活水平提高，南北方的用水标准更为接近。由于能源基地更多分布在北方，随着北方供水条件的改善，工业用水需求得到释放，带来更大的增幅。总体而言，全国仍需维持南水北调、北粮南运、北能南运的水–粮–能综合配置格局。

5.4.4 跨流域水量调配

我国水资源可利用量空间分布不均，北方大部分地区本地水资源不足，为提高区域和全国整体水资源承载能力，根据水资源空间分布及区域经济社会发展和生态保护对水资源的要求，对不同流域和水系之间的水量进行合理调配，提高缺水严重地区的水资源承载能力，以改善水资源与经济社会格局不匹配的状况。考虑满足峰值需水条件下，全国多年平均跨水资源一级区调（引）出水量为 588 亿 m^3，调（引）入水量为 506 亿 m^3。新增调入水量主要分布在海河、黄河和淮河区，调出水量主要分布在长江、东南诸河和松花江，黄河调出水量主要是向下游沿黄灌区供水。各水资源分区在建和规划的跨流域（区域）水资源调配工程数量和调水规模信息见表 5-12。

表 5-12 在建和规划重大跨流域（区域）水资源调配工程概况

分区	工程数量（个）		调出水量（亿 m^3）		调入水量（亿 m^3）	
	跨一级区调水	跨二级区调水	跨一级区调水	跨二级区调水	跨一级区调水	跨二级区调水
全国	34	28	588	195	506	195
松花江区	3	6	11	48	1	48
辽河区	1	5	1	21	11	21
海河区	0	2	0	5	163	5
黄河区	9	0	97	0	98	0
淮河区	2	0	2	0	190	0
长江区	13	2	462	14	18	14
东南诸河区	1	6	15	30	0	30
珠江区	2	5	0	38	17	38
西南诸河区	3	0	0	0	1	0

分区	工程数量（个）		调出水量（亿 m³）		调入水量（亿 m³）	
	跨一级 区调水	跨二级 区调水	跨一级 区调水	跨二级 区调水	跨一级 区调水	跨二级 区调水
西北诸河区	0	2	0	39	7	39

注：调入水量与调出水量差值为调水过程的输水损失。

5.5 分区配置格局

5.5.1 东北地区

（1）区域发展目标

东北地区包括全国一级水资源分区中的松花江区和辽河区，在行政区上包括黑龙江省、吉林省、辽宁省和内蒙古东四盟地区（赤峰市、通辽市、呼伦贝尔市、兴安盟），土地面积为 126 万 km²，占全国土地面积的 13%。东北地区地形复杂，年降水量分布在 1000~250mm，多年平均水资源总量为 1987 亿 m³，人均水资源量约为 1600m³，耕地亩均水资源量约为 500m³。与华北地区、西北地区相比，水资源相对丰沛，属于北方地区水资源条件最好的区域。东北地区水资源的空间分布极不均匀，呈现出"北丰南欠、东多西少""边缘多、腹地少"的特点。

从水系看，东北地区包括松花江和辽河两个完整的流域，以及黑龙江、乌苏里江、绥芬河、图们江和鸭绿江等国际河流。现状松花江、辽河水资源开发利用程度相对较高，黑龙江干流（含上游额尔古纳河）、绥芬河、鸭绿江等国际河流开发利用程度较低。因此，从水资源总量分析，如果工程布局合理，东北地区的水资源开发利用潜力巨大，且可以和土地资源实现较好匹配。在区域实现产业结构的持续调整优化基础上，通过深入挖潜、因地制宜等措施，东北地区的水资源条件完全有能力保障老工业基地振兴，同时还能保障国家粮食基地建设发展的战略目标实现。

对于松花江流域，水土资源条件较好，可以利用控制性工程，加大对洪水的调控，扩大灌溉面积。但为保证必要的生态环境用水、航运用水和枯水期维持河道稳定用水，发展规模要有所节制，应将社会经济耗水量占水资源总量比例严格控制在 40% 以内，并严格控制污染物排放入河量，保障水质达标。

对于水资源相对短缺的辽河流域，社会经济发展必须考虑水资源的条件，以水定发展，量水而行，坚持内涵式发展，进一步加大种植结构的调整力度，重视旱地节水农业建设，逐步缩减高耗水水田面积，使社会经济用水在 2030 年前达到零增长。通过必要的跨流域调水工程，实现社会经济系统的供需平衡，遏制辽河流域生态环境持续恶化的局面，并持续改善。从建设和谐社会的观点出发，未来社会经济用水占比还应进一步降低，还水于生态。

东北地区的水资源配置必须经济生态并重，扭转"重社会经济，轻生态环境""重开发利用，轻节约保护"的观念，在充分考虑当地生态与环境需水的前提下，合理配置当地社会经济用水，生产力发展模式与布局要与当地自然环境相协调，为东北地区最终实现人与自然和谐发展的目标创造条件。未来东北地区主要通过地表水增供，其中跨界河流地区供水量比现状增加 80 亿 m^3 以上，同时退还超采区现状地下水超采量，地下水供水量占总供水量的比例由现状的 40% 下降到 25%。

（2）重点保障需求

东北地区水资源配置的重点保障目标就是粮食安全、工业基地振兴、生态保护（如重点湿地的修复维持）。东北地区是我国最大的商品粮生产基地，东北地区提供的商品粮约占全国商品粮总量的 1/3，未来仍然是我国最大的商品粮食主产区和粮食增产区。考虑东北地区具有全国最优良的水土匹配条件，未来其粮食安全保障是水资源配置的重点任务。东北地区工业尤其是重工业在全国具有重要地位，工业基地的水安全保障也是水资源保障的重点。东北地区独有的湿地系统是我国生态格局的重要组成部分，但随着用水增加，湿地呈萎缩趋势，因此保障基本生态用水也是配置需求之一，农业要合理控制发展规模，充分考虑生态环境用水要求。

东北平原是我国商品粮的主产区。现状东北地区农田灌溉面积达 8600 万亩，粮食产量为 2.6 亿 t，占全国粮食产量的 16%。区内松嫩平原和三江平原水土资源匹配好，发展灌溉农业潜力较大，未来还需要新发展农田灌溉面积 4000 万亩以上，主要种植优质水稻。目前该地区蓄引提工程不足，灌区节水灌溉工程面积较小，通过节水和新建供水设施，水资源能够支撑粮食产能增加。辽河平原水资源较为紧缺，目前农业缺水严重，重点是通过灌区改造和节约用水稳定现有灌溉面积，稳定粮食产量。

综合上述目标，东北地区的水资源开发利用具有典型的多目标特性（图 5-6）。由于流域的水土资源、光热资源比较丰富，作为国家级粮食基地，农业用水会有较大增长。东北地区属于老工业基地，未来工业发展和调整也与水资源配置布局密切相关。所以，在经济用水方面存在地区和行业部门间的竞争。在河道内经济用水方面，西流松花江、嫩江以及松花江干流的水力发电在东北电网中具重要的调峰作用，而松花江干流的航运兼具东北地区的出海通道功能，也需要得到一定程度保障。从流域生态维持和保护角度分析，松花江流域有多个国家级湿地，目前已不能在自然条件下维持平衡，需要一定规模的人工补水。考虑未来流域开发强度大，社会经济耗水总量占地表水资源量的比例增长较快，由此带来的松花江干流的生态和航运问题比较突出，因此需要进一步分析社会经济耗水对生态环境用水以及河道内航运用水的影响。此外，松花江流域还承担未来向更为缺水的辽河流域调水的任务，不同线路工程的规模也需要通过综合分析确定。

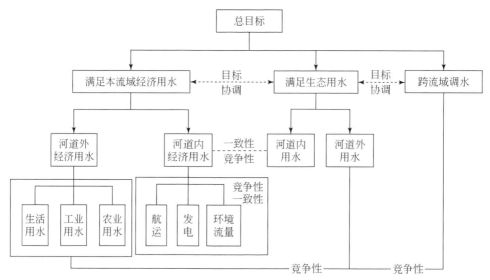

图 5-6　东北地区的水资源多目标配置竞争关系图

（3）配置措施与格局

为保障东北地区的多重水资源配置目标，必须从面临的水资源分布不均、水污染严重失衡、水生态破坏较大等问题出发，通过一系列的工程及非工程措施，从根本上改变区域未来发展的水资源瓶颈，从而为东北地区的整体可持续发展提供可靠的水资源战略支撑。因此，东北地区的水资源配置工程建设、水污染防治整治措施以及加大水资源开发主要从以下几个方面开展：

1）加强节水高效利用和水资源综合管理。对于大型灌区推行适合种植结构的节水灌溉技术，将节水和提高粮食作物品质结合。针对老工业基地，尤其是火电、冶金等高耗水行业节水技术改造，提高工业用水回用率，大幅提高再生水利用。建立和完善水权分配和转让制度，加强流域管理与区域管理相结合的水资源管理体制建设。

2）完善流域内的水量配置工程建设，提高区域水资源优化配置能力和城市供水保障能力。合理制定水资源开发方向和重点，实现地表水、地下水和区外引水的联合调度。东北地区，尤其是松花江流域片区，水利工程建设在全国相对滞后，针对粮食基地和重点城市群的供水保障任务，需要新建水源工程，同时对已有的重点工程继续开展配套续建，包括尼尔基水利枢纽配套引嫩扩建、三江平原大型灌区、松嫩平原大型灌区、辽河平原灌区等工程。

3）跨流域调水配置工程。考虑松花江流域开发规模进一步加大后，经济和生态用水竞争关系加剧，河道内河道外用水矛盾逐步突出，为进一步实现社会经济用水与生态环境、航运用水的优化配置，应考虑"引呼济嫩"工程，调引呼玛河丰富水资源为松花江流域补水。为从根本上扭转辽河平原经济用水与生态用水的激烈竞争、水资源严重短缺的局面，远期可通过扩大辽河流域"东水西调"规模，形成"东水中引，北水南调"的东北地区整体水资源配置格局。

4）东北地区跨界河流的重点是加大"两江一湖"地区的水资源开发利用力度，建设国家商品粮基地，保障国家粮食安全；通过加大部分跨界河流的水资源调控能力和建设必要的跨流域调水工程，向东北腹地增加供水量，保障重点城市和经济区的供水并对生态环境进行修复与保护；切实加强水资源保护和水污染治理的力度，改善水环境状况，避免跨界水污染事件的发生。

5）东北地区已建有众多不同类型和不同规模的水利工程，工程建成后对河道外供水量、河道内径流量及径流过程、水动力条件、水质、含砂量、水温等产生重要的影响。分析评价水利工程对河流生态系统造成的各种功能性影响，开展流域整体生态调度，确保实现重要生态目标。

综上，东北地区的水资源配置需要综合开源节流并加强水量调控调度等多个手段。未来在强化节水前提下，适度增加周边河流水资源开发利用力度，加强松花江流域骨干工程建设，实现区域内部的水量优化配置，增强水资源整体调控能力。

5.5.2 海河流域

（1）区域发展目标

海河流域总面积约为 32 万 km^2，流域内有北京、天津、石家庄等 26 座大中城市，人口和粮食产量占全国比例大于 10%，GDP 占全国的 15%，而水资源量只有 1%。人均资源量不足 250m^3，少于以缺水著称的以色列，水资源开发程度高于 100%。

海河流域以京津冀城市群建设为载体、以优化区域分工和产业布局为重点、以资源要素空间统筹规划利用为主线，着力调整优化经济结构和空间结构，着力扩大环境容量生态空间，着力推进产业升级转移，加快打造现代化新型首都圈，打造中国经济发展新的支撑带。到 2020 年，区域一体化交通网络基本形成，生态环境质量得到有效改善，产业联动发展取得重大进展。

海河流域内的京津冀是我国经济最具活力、开放程度最高、创新能力最强、吸纳人口最多的地区之一，是拉动我国经济发展的重要引擎。京津冀总面积为 21.7 万 km²，占全国土地面积的 2.3%。截至 2020 年，区域总人口 1.1 亿，占全国总人口的 8%；地区生产总值 12.9 万亿元，占全国生产总值的 12.7%。到 2030 年，首都核心功能更加优化，京津冀区域一体化格局基本形成，区域经济结构更加合理，生态环境质量总体良好，成为具有较强国际竞争力和影响力的重要区域，在引领和支撑全国经济社会发展中发挥更大作用。

海河流域地处京畿要地，是落实全面建成小康社会、生态文明建设、京津冀协同发展和高标准建设河北雄安新区等国家重大战略的承载地。京津冀是我国水问题最集中最严重的地区，河湖生态水量不足、地下水超采和水污染使水资源安全保障仍面临严峻的挑战，解决流域水安全意义重大，是落实"京津冀协同发展"等国家战略的关键。流域现状形成了以京津唐、环渤海湾以及京广、京沪铁路沿线城市为中心的工业生产布局，是我国重要的工业基地和高新技术产业基地，主要行业有冶金、电力、化工、机械、电子、煤炭等。今后一段时间内工业仍将呈现稳定增长的趋势。雄安新区集中疏解北京非首都功能，探索人口经济密集地区优化开发模式，需要承担创新驱动发展新引擎的作用，因此未来经济增长存在较大空间。通过雄安新区的基础设施建设、产业聚集可以较大程度带动河北的整体经济规模提升和经济发展质量提高，推动产业向适水发展的道路转变。由于流域内冶金行业占比较高，受水资源、环境以及碳达峰等政策影响，工业增速将低于全国平均水平，今后发展的重点应转向非工业化产业，以京津地区为主导发展新经济模式。

（2）重点保障需求

水资源短缺已成为京津冀地区协同发展的最大短板。通过工程配置等措施手段保障京津冀地区的发展刚性需求，尤其是雄安新区的发展需求，是海河流域水资源配置的重要目标。京津冀地区人均水资源量 218m³，仅为全国平均值的 1/9，是我国缺水最严重的地区。在气候变化和人类活动共同作用下，自 20 世纪 80 年代以来，京津冀地区水资源从 291 亿 m³ 减少到 166 亿 m³，而供水总量逐年增加，达到 254 亿 m³。2008 年以来，京津冀地区城镇人口年均增加 257 万人，其中 134 万人集中在北京、天津，两地生活用水量年均增加近 6000 万 m³，供水压力日趋增大。

改善区域水生态状况是海河流域水资源配置的另一重点，包括地下水位的恢复和河流水生态的改善。由于经济社会用水挤占，海河流域地下水超采严重，河湖湿地面临水量不足、污染破坏、生境萎缩、复合失衡等问题。按照供水和水资源量评价，区域水资源开发利用程度高达109%，严重超出了区域水资源可利用水平。在南水北调通水前的2001~2014年，浅层地下水平均开采量达127亿 m³，浅层地下水开发利用程度达130%。因此，必须置换地下水用水、恢复地下水位、实施地下水综合治理，恢复地下水位至适宜水平。

（3）配置措施与格局

海河流域水资源禀赋差，人–地–水不平衡的矛盾突出。由于水资源先天条件差，再加上水资源刚性需求的持续增加，水资源问题一直是海河流域的心腹之患，京津冀地区尤为突出。海河流域水资源配置措施主要是针对京津冀协同发展的战略部署，按照"以水定城、以水定地、以水定人、以水定产"的原则，在节水优先的前提下，持续加强用水管理，优化供水结构，增加外流域调水、再生水、海水利用，扩大非常规水用途，通过多水源调配发挥外调水的最大利用效率，大幅度调减本流域地表水和地下水，保障河流基本生态用水。在海河平原区适度推进高效水网建设，结合地下水治理工程、水源置换工程、河湖补水工程，实现流域社会经济发展与生态环境保护的目标协调。

全面实现全流域科学深度节水。一是建立适水农业发展模式。农业是海河流域的第一大用水户，有效控制和降低农业用水是解决水资源刚性约束和国家战略刚性需求矛盾的关键。海河流域所在的华北地区是我国重要的粮食和农产品生产基地，对保障国家的粮食和食物安全至关重要，但农业发展背后是以极大的资源环境和生态成本为代价，如大规模超采地下水。得益于农业科技进步和农业基础设施条件的大幅改善，近期实现了农业总用水量降低条件下农业产出的不断增加。未来还需要进一步挖掘农业科技的节水潜力，控制和减少农业灌溉用水。一方面控制冬小麦和耗水型蔬菜种植面积，一方面在缺水区推广轮耕休耕、推进再生水农业灌溉、试行旱稻种植，形成减水增效的适水农业发展模式。二是通过新技术和新政策推进分行业深度节水。统一节水标准和节水政策，整体提高节水水平，增强节水技术服务。全面推广节水器具，制定强制性节水标准，严格实行节水产品准入制度。减少高耗水作物种植面积，加强节水灌溉的产业支持、技术服务和财政补贴，发展高效节水农业。推进价格改革，推行居民用水阶梯水价制度，实行工业用水超计划累进加价制度，完善农业水价，通过价格体系倒逼行业节水。三是强化制度机制建设，规范水资源开发利用全过程管理和用水行为。加强区域发展规划、新城发展规划、行业发展规划和重大建设项目的水资源论证，加强产品和服务的用水定额管理，控制水资源利用方式和规模，建立区域重点用水单位监控名录。强化用水过程监管和行业监管，完善公众参与机制，加强节水宣传教育，促进公众建立对节水的理性认知、掌握节水的技能技巧，使节约用水成为公众自觉行为。

坚持地下水综合治理与修复。按照分级管理、分区施策的方式持续推进地下水超采治理，分区落实地下水取用水总量、水位等管控指标划定，为地下水管理保护和超采治理提供依据。北京市、天津市等以城市工业和生活用水为主的城市，在南水北调通水后外调水量大于其超采量，水位已经逐步恢复，未来地下水超采修复将以城市节水与水源替代模式为主。农业用水占比高、地下水超采程度深的区域，外调水尚不足以完全填补超采缺口，必须采用城市乡村结合节水压采模式，建立水源替代措施与回补的综合措施体系。结合地下水治理建立城市战略储备水源地，将外调水调蓄与地下水修复治理结合，提高水资源利用效率和工程运行成本。结合战略储备水源地建设，在太行山前平原划定地下水回补区，在汉江丰水时多调水用于地下水回，特殊枯水期有计划地储备水源，提高供水安全。

打造管理高效的京津冀一体化水网，优化流域供水格局，促进不同水源优化配置机制，其中包括：①连通南水北调中线总干渠与岗南、黄壁庄、王快、西大洋、岳城、盘石头等大型水库，七库联调增加中线工程调蓄能力，提高供水保证率；②实施北三河、永定河、大清河、子牙河、漳卫南运河与南水北调中线连通工程，汉江丰水年时向地下水超采区补水；③推进南水北调东线–白洋淀–中线连通工程，实现中东线互通互联。

挖掘非常规水源潜力，包括微咸水、雨洪水、海水淡化水以及再生水等非常规水源的合理利用，推动再生水用于农业灌溉以及城市、工业等领域，提高再生水利用率；着力建设海绵城市，对降雨进行"化整为零"式收集利用；加大海水淡化利用技术研究与推广以及相关水资源配置体系的建设，扩大海水淡化利用的规模。

以南水北调东中线干线工程为骨干、引黄入冀补淀工程为补充，构建区域长江水、黄河水两水源多通道的外调水供水格局，提高南水北调中线利用效率，优化东线工程布局，增强东线对京津冀区域的供水支撑作用。推动实施万家寨引水工程与永定河补水连通的工程，加强永定河上游张家口、大同地区的供水保障，同时恢复永定河流域生态屏障功能，促进永定河生态经济带建设。完善黄河下游引黄工程体系，在不增加引黄总量的前提下优化引黄工程线路和水量利用，重点实现向中南部平原和白洋淀、衡水湖、大浪淀等重要湿地补水，以及提高黑龙港运东地区等严重缺水区域的多源供水保障能力。

加强工程调度，实现水源优化利用，实现洪水资源化利用、一水多用、优水优用等综合目标。增强水情监测、预报能力，优化水库调蓄作用，减少汛期弃水，增加供水，加强河系沟通，增强洪水资源化利用，多途径落实水源置换、生态环境及地下水保护与修复要求。

5.5.3　黄河流域

(1) 区域发展目标

黄河是中华民族的母亲河，黄河流域生态保护和高质量发展已经成为国家战略。黄河流域是我国重要的经济带和生态屏障，在我国经济社会发展和生态安全方面具有十分重要的地位。保护黄河是事关中华民族伟大复兴和永续发展的千秋大计。按照黄河流域生态保护和高质量发展战略中提出的"加强生态环境保护、推进水资源节约集约利用、推动黄河流域高质量发展"的任务，黄河流域水资源配置的核心就是适应经济发展与生态环境保护新要求下，把水资源作为最大刚性约束，协调好生态保护与经济发展的关系，确保高质量发展。

黄河流域经济发展水平低于全国平均水平，区域发展不均衡，提高水资源保障的需求大。现状黄河流域人均 GDP 仍低于全国平均水平，具有第一产业比重高、第三产业比重低的特点，按照需水变化的宏观规律分析仍存在较大增长空间。流域城镇化水平低，城镇化率低于全国平均水平，但增速快，流域内有多个规划城市群，城镇发展和用水增量空间较大。黄河流域涉及多个粮食主产区，对国家粮食安全保障有重要意义，但受水资源制约明显，在水源条件没有改善的条件下，粮食生产定位于产量占比不低于现状水平，保持总用水量不增加、灌溉面积基本不扩大，推动节水增效，实现流域内粮食自足和小麦、玉米等主产粮食能提供部分商品粮外送的目标。

黄河流域煤炭油气资源丰富，被誉为"能源流域"，产业布局具有明显的能源产业链特征，建成了宁夏宁东等能源化工基地以及中原油田等油气开发基地。在能源优势引导下，黄河流域形成了太原、西安、兰州等城市为中心的钢铁、机械制造、冶金工业等重工业产业基地。未来能源化工及其产业链仍是黄河流域的产业发展重点，但经济发展方式粗放、重工业高耗水产业比重高，受到碳中和、碳达峰等国家战略影响，能源产业发展将受到一定制约。未来在能源资源优势推动下，部分上游产业则可能继续向关中平原、黄河几字弯等区域转移，中原、关中城市群发展态势较好，具有承接沿海产能转移，带动区域整体发展的潜力。黄河流域工业化程度较低，属于典型的发展不充分的地区，具有后发优势，但对新经济形态的适应能力弱，经济增长存在一定不确定性，受新旧动能转换、产业改造升级影响，经济增速尤其是工业增速存下滑风险。在水资源刚性约束要求下，亟待破除传统发展模式，推进产业转型升级，减轻能源产业的依赖性，实现高质量发展模式。

黄河流域产业结构和发展的差异性特点，给水资源需求带来较大影响。一方面，总体经济结构偏传统工业，能源产业、重工业比例高于全国平均水平，在新经济动能驱动增长的环境下优势不明显，而水资源约束与碳达峰、碳中和能源政策对能源及其下游产业限制非常明显，现有工业发展速度会减缓，黄河几字弯沿线的呼包鄂榆城市群、兰西城市群、宁夏沿黄城市群产业转型压力增加；另一方面，受双循环格局对全国产业布局的影响，中下游区域因更靠近外部市场的消费品将向内陆区域转移，有助于区域经济总量规模的提升。

（2）重点保障需求

黄河流域是保障国家能源安全、粮食安全目标的关键区域，同时城镇化建设、生态文明建设和区域协调发展方面仍然任重道远。在这些刚性需求的驱动下，黄河流域水资源需求还将持续增长。一是工业尤其是能源工业水资源需求旺盛。工业生产对供水保证率和供水水质的要求更加严格，水资源和水环境的压力增大。二是高标准的新型城镇化及丝绸之路经济带沿线中心城市对水资源的需求也将持续增长。《国家新型城镇化规划（2014—2020年)》提出中西部地区城市群应成为推动区域协调发展的新的重要增长极，"一带一路"倡议提出依托国际大通道，以沿线中心城市为支撑，以重点经贸产业园区为合作平台，共同打造国际经济合作走廊，这些战略规划的实施必将带来中西部地区城镇人口增加，饮用水安全和生态环境改善对供水安全保障的要求更高。三是粮食安全对灌溉用水保障提出了新要求。黄河流域受水资源制约，在水资源条件没有改善的条件下，粮食生产定位应立足产量占比不低于现状水平，保持总用水量不增加、灌溉面积基本不扩大，推动节水增效，实现流域内粮食自足和小麦、玉米等主产粮食能提供部分商品粮外送的目标。完善国家粮食安全保障体系，确保谷物基本自给、口粮绝对安全的要求，确保河套灌区、汾渭平原、黄淮海平原等国家农产品主产区的供水安全面临新形势。四是水生态文明建设对维护健康河湖功能和人水和谐提出了更深层次的要求。河湖生态健康首先是保障黄河干流必要的生态水量，虽然2000年以来黄河断流问题得到解决，但利津断面距离187亿 m³ 的适宜生态水量仍有较大差距，其次是部分重要支流水量不足、水质较差，流域内地下水超采在部分地区较为突出，还有20多处漏斗区。

（3）配置措施与格局

由于黄河水资源短缺和开发利用不当，生态环境已受到巨大影响，局部地区仍存在地下水超采严重、水源污染和河道干涸断流等问题。黄河流域水资源配置必须坚持节水优先、管住用水、优化调配的思路落实，要基于保障黄河健康生命的前提进行水量配置，协调需求增长和河湖健康的矛盾，遵循水资源刚性约束将有限的资源用到最有效的地方。

一是按照"四水四定"、节水优先的原则严格控制社会经济用水总规模。目前应遵循黄河"八七"分水方案原则，在满足多年平均 200 亿 m³ 河道内生态用水总量的基础上，加强地表水和地下水的联合控制，在地表径流消耗控制基础上按水资源可利用总量控制耗水。按照黄河流域第三次水资源调查评价成果，黄河流域水资源总量减少，地表水和地下水不重复量增加，应按水资源总量划定水量分配方案，按照丰增枯减原则控制社会经济用水总量。严格按照分水指标确定发展规模。在现有的水资源分配总量和指标条件下，按照约束倒逼的原则建立社会经济发展规模的控制机制，确保头道拐和利津两个关键断面的生态水量和输沙水量。在保障生活用水、优先满足国家目标等刚性用户需求条件下确定其他产业的发展布局。通过水量条件限制，明确接近或超过分水指标的区域，非商品粮基地的市县灌溉面积不得扩大，城镇河湖水域面积不得增加，产业用水不能增加，不得上马耗水型企业等。

二是严格控制跨流域调出水量规模。黄河流域在自身开发利用程度极高的情况下，仍向其他流域调出水量，调出水量占黄河可利用地表水量的近 1/3，不符合空间均衡的原则。考虑历史和实际情况，应控制跨流域引水量。按照"四定"原则，跨流域调水不得扩大用户规模，包括扩大耕地面积或新增供水范围，现有用户提高用水效率节约出的水量不得扩大再生产，上中游增加调出水量后必须相应调整下游南水北调受水区的调水量。

三是增强上游地区的水量配置能力。考虑未来黄河上游地区缺水较大且存在增加灌溉面积、保障粮食安全等潜在需求，在严格控制黄河引水总量的条件下，适当增强上游地区水资源调配能力，增加供水量，减少区域缺水。增强部分支流的水资源开发能力，补足落后地区水利工程、供水设施建设的短板。对于个别条件极端恶劣的区域，可以适度开展生态移民工作。

四是加大非常规水源利用强度。大力推广非常规水源利用，充分利用再生水，具备条件的地区加大矿井疏干水、苦咸水等非常规水源利用，力争远期非常规水源利用量达到 30 亿 m³。

五是加快推进南水北调西线等适度的跨流域调水工程，改善黄河资源条件。黄河流域是资源性缺水地区，依赖自身水资源量难以解决流域的供需矛盾，也难以支撑黄河流域及相关地区经济社会的可持续发展，必须依靠引汉济渭、南水北调西线等调水工程改善水资源条件，并根据调水量和需求规划黑山峡水库等控制性工程的建设和优化运行，实现水量的优化调控利用。从长远考虑，可根据黄淮海流域整体的水资源供求形势，以及国家粮食安全的保障需求，结合水源区条件、生态影响和气候变化影响趋势，综合确定适宜调水规模和建设方案。

5.5.4　淮河流域

（1）区域发展目标

淮河流域跨湖北、河南、安徽、江苏、山东五省，涉及 40 个地级市，面积约为 27 万 km²，城镇化率为 36.5%，耕地面积为 1.9 亿亩，农田有效灌溉面积为 1.4 万亩，耕地灌溉率为 73.1%。淮河流域水资源可利用量为 512.4 亿 m³，其中地表水资源可利用量为 289.5 亿 m³。

淮河流域有较为丰富的农副产品资源、矿产资源，工业发展以煤炭、电力、轻纺工业为主，具有发展现代制造业的良好条件，同时也具备承接东部沿海向中西部产业转移的空间。综合流域内资源优势、区位优势以及产业基础和发展趋势，淮河流域有望成为我国新兴的现代制造业基地。流域片内山东半岛是目前我国工业发展极具活力的地区之一，仍有较大的增长空间，但目前区内落后产能较多，未来将加速淘汰落后设施。通过产业转型改变粗放发展模式，质量得到提升且规模得到控制，结合城市发展和人民生活水平提升，水资源安全保障需求会更多体现在保证率和水质安全等方面。

（2）重点保障需求

综合淮河流域发展现状和潜力分析，淮河流域是北方地区中具有较大需水增长潜力的区域，是未来黄淮海平原地区的主要需水增长点，需要从优化用水结构、提高节水水平和增强保障能力等多方面综合施策。结合淮河流域的水资源条件，水资源配置保障重点是确保平水年、一般枯水年满足经济社会对水资源的需求，实现以水资源的可持续利用促进国民经济和社会的可持续发展。根据淮河区水资源承载能力，按照强化节水的用水模式，提高水资源循环利用水平，加强需水管理，抑制不合理用水，控制用水总量的过度增长，降低对水资源过度消耗，制止对水资源的无序开发和过度开发，转变经济增长方式和用水方式，促进产业结构的调整和城镇、工业布局的优化。

通过强化节水方案，未来淮河流域河道外国民经济取用水增长率控制在 0.4% 以内，建立河流生态用水保障机制，合理安排和改善生态用水，逐步修复和保护河湖湿地及地下水的生态功能。逐步退还被挤占的河道生态用水和超采的地下水，使生态用水基本得到保障，人居环境明显得到改善，并逐步完善水资源总量控制与定额管理相结合的用水管理制度。完善区域水量分配方案，逐步建立与完善以取水权为基础的水权制度；提高对水资源的监督管理能力，建立完善的水资源监测和监控体系。

随着中部崛起战略的实施，地区的发展转型逐步推进，工业用水需要通过总量控制和定额控制提高管理水平及用水效率，同时提高工业用水重复利用率，加速淘汰落后设施，提高企业用水标准，保质保量满足工业发展的用水需求，如火力发电、石油石化、钢铁、纺织、造纸、化工、食品等高用水行业在用水技术与管理水平上需要进一步加强。城市生活及其他第三产业等用水量较多，需要加强供水管网节水改造、减少跑冒滴漏，加大污水处理力度，提高再生水利用程度，减少对水资源的消耗，保障流域社会生产生活的稳定与健康发展。

（3）配置措施与格局

以强化节水模式下的供需平衡成果为基础，按照水资源可利用量实施总量控制，按照河流生态用水要求进行断面水量控制，按照节水型社会建设要求进行定额控制，对跨流域调水量，以及不同区域之间、河道外与河道内、城乡之间、各行业之间的不同供水水源及特枯干旱年水资源进行合理调配。通过对水资源的合理配置，达到保障国民经济各行业用水安全的总体目标。实现国民经济用水正常年份达到供需平衡，中等干旱年基本实现供需平衡，特殊干旱年有应对措施，同时改善河道内生态环境用水状况，逐步实现水资源的可持续利用。

为实现淮河流域的整体社会经济发展目标，在现状水资源条件下必须从开源、节流、控污三个方面开展相关的工程配置手段，以逐步改善区域水资源严重紧张的不良局面，在远期实现人水和谐的水资源供需利用体系。

开源方面主要是加快淮河入海水道二期、引江济淮等工程建设，推进出山店水库配套工程建设，围绕南水北调东、中线一期，引江济淮，苏北引江等骨干工程和出山店水库以及流域内的闸坝工程，共同构建"四纵一横多点"的水资源开发利用和配置体系形成大小衔接的区域水网和国家水网骨干工程体系。节水方面重点是对大型灌区进行续建配套和节水改造，基本完成主要粮食产区和大型灌区的节水改造，推广输水防渗和喷微灌技术，在灌溉面积增长、产量增加的同时保持农业用水总量微增。控污方面需要按照源头减排的方式推进清洁生产，实现城乡污水处理全覆盖并逐步提高处理等级，同时提高非常规水源利用量，从整体上改善淮河流域的水环境状况。

5.5.5　长江流域

（1）区域发展目标

长江流域横跨中国东部、中部和西部三大经济区，共计 19 个省（自治区、直辖市），流域总面积为 180 万 km²，占我国陆地面积的 18.8%，流域内有丰富的自然资源，流域水能资源丰富，也是长江经济带国家战略的主要区域。长江是我国水资源配置的战略水源地、重要的清洁能源战略基地、横贯东西的"黄金水道"、珍稀水生生物的天然宝库和改善我国北方生态与环境的重要支撑点，在我国经济社会发展和生态环境保护中具有十分重要的战略地位。

2016年1月5日，习近平总书记在推动长江经济带发展座谈会上提出：长江流域要"共抓大保护，不搞大开发"。长江流域是我国的经济重心，也是我国重要的生态宝库，坚持生态优先、绿色发展的理念，处理好经济发展与生态环境保护之间的关系，统筹沿江各区域发展，将长江流域建设成我国生态文明建设的示范区，对未来我国经济社会和资源环境的协调发展具有重要意义。

长江经济带的发展目标是：水环境和水生态质量全面改善，生态系统功能显著增强，水脉畅通、功能完备的长江全流域黄金水道全面建成，创新型现代产业体系全面建立，上中下游一体化发展格局全面形成，生态环境更加美好、经济发展更具活力、人民生活更加殷实，在全国经济社会发展中发挥更加重要的示范引领和战略支撑作用。

（2）重点保障需求

党的十八大以来，国家提出了全面建成小康社会、大力推进生态文明建设、依托黄金水道推进长江经济带发展等一系列重大战略部署，客观上要求加快长江流域水利发展，从而保障防洪安全、供水安全、粮食安全、能源安全、通航安全、生态安全，为经济社会发展提供强有力的水利支撑和保障。为加强长江治理开发和保护，经过多年努力，目前长江流域已建成一批以三峡水库为核心的控制性水利水电工程，在流域防洪、生态保护、供水、发电、航运等方面发挥了巨大作用。

目前长江上游云南、贵州、重庆等山丘区由于缺乏控制性工程，供水不足，下游平原河网地区水污染较为严重，水质型缺水问题较为突出。未来长江经济带城镇密集区人口增长和工业发展以及上中游地区灌溉面积增加，在强化节水前提下，流域总需水量仍有所增加，水质问题将会有所突出，中下游地区需要优先解决水环境问题，确保优质水源供给。

（3）配置措施与格局

根据长江流域未来供水、调水、防洪、发电、航运以及流域水环境治理水生态保护等多重目标，流域水资源配置需要根据上中下游的不同特点突出重点、分别落实，完善流域水资源调配格局。在配置体系构建中要把保护水生态环境放在更加突出的位置，加强流域生态系统修复和综合治理，强化长江水生生物多样性保护，构建绿色生态廊道。统筹防洪、供水、灌溉、生态、航运、发电等调度需求，协调水库群蓄泄时机与方式，实施长江三峡及上中游干支流控制性水库群联合调度。强化南水北调等重点水源地保护，确保水源地水质安全。

长江上游地区现状水资源利用程度低，受地形影响，水资源利用以蓄水工程为主，辅以提水工程供水，但由于缺乏大型骨干水资源调蓄工程，调蓄能力不强，供水能力较低，供水保证率不高，在干旱年份常出现缺水现象，属于工程性缺水地区。这类地区水资源配置的重点应放在加大蓄水工程特别是控制性骨干工程的建设上，将水资源开发利用与水能资源开发有效结合，同时加强水源区水资源保护和水土涵养。

长江中游地区水资源开发利用条件相对较好，工程建设已具相当规模，但水资源利用效率仍待进一步提高，部分丘陵地区仍存在较严重的缺水现象。中游地区的主要水资源配置措施是通过对现有工程的挖潜、配套和改造提高供用水效率。对于长江中游洞庭湖、鄱阳湖广大平原地区，需要加大节水力度，以此保障农田灌溉和农村人畜饮水的需求。对于中游沿江部分地区，应以解决水质型缺水问题为重点，同时要进一步挖潜节约用水的潜力，以满足经济社会发展的需求。中游地区还需要以三峡和葛洲坝工程为中心，联合主要支流控制性工程，加强优化调度，协调防洪与供水以及发电航运的水量调控关系，协调南水北调和长江流域来水的丰枯补偿关系。

长江下游地区水量丰沛，目前主要水资源问题是密集的城市群和工农业生产带来水环境恶化，产生水质型缺水。该地区水资源配置应继续实施以引提水为主的本地水源利用措施，减少地下水开采控制区域地面沉降，提高供水能力，以适应快速增长的经济发展需要。重点加大水环境保护和污染治理力度，将下游三角洲地区水网疏浚与水环境治理、供水工程建设结合，重点满足下游地区重点城市和沿江经济带的供水需求，解决水质型缺水问题。同时结合长江口综合整治工程，协调枯水期供水、南水北调东线引水与长江口地区受咸潮上溯的影响。

长江流域是我国水资源总量最丰富的流域，是南水北调国家战略工程的水源地，未来在国家水网体系中将起到均衡水资源配置的关键作用。跨流域调水工程是流域水利工程体系建设的重点，未来调水工程的规划建设必须遵循"三先三后"的原则，坚持"确有需要、生态安全、可以持续"的规划建设要求，科学评价不同水系河段可调水量，在满足生态和本地发展需求前提下考虑跨区调水，并根据"三区三线"的国土空间控制需求，提出工程建设的约束条件。根据全国用水需求和流域水资源条件，2035 年前长江流域调出水量应控制在 400 亿 m^3 以内。

5.5.6　珠江及东南诸河、西南诸河区

(1) 区域发展目标

珠江及东南诸河、西南诸河区包括珠江区、东南诸河区与西南诸河区三个水

资源一级区。

珠江区包括珠江流域、韩江及粤东诸河、粤西桂南沿海诸河、海南岛及南海各岛诸河流域等水系。珠江流域水资源丰富，多年平均径流量为 3360 亿 m^3，仅次于长江，居中国第二位。珠江区各地水资源状况差异较大，南北盘江、红水河流域和粤东、粤西沿海地区受地形条件限制，工程性缺水较严重。珠三角经济带地处华南地区，包括广州、深圳、珠海、佛山、江门、东莞、中山、惠州和肇庆9市，是我国乃至全球经济最活跃、发展最快的地区之一。由于地区经济与城镇社会等发展迅速，加上受水污染和咸潮上溯的影响，水资源供需矛盾趋于紧张，水安全形势十分严峻，保障工业和城镇用水安全是本区的主要任务。

东南诸河区地处我国水资源较丰沛的东南沿海，涉及浙江、福建、台湾、安徽、江西。区内河流众多，一般源短流急，自成体系，独流入海，除钱塘江和闽江两大流域外，其余均为中小河流。东南诸河区水资源总量充沛，现状用水量不高，目前水资源开发利用程度相对较低，不足 15%。东南诸河区包含多个沿海经济带和城市密集区，人口增长空间大、经济发展速度快，城乡供水保障要求逐渐升高。

西南诸河区位于我国西南边陲，是青藏高原和云贵高原的重要组成部分，是我国重要江河的发源地，流域总面积为 85.14 万 km^2，主要包括红河、澜沧江、怒江及伊洛瓦底江、雅鲁藏布江以及藏南诸河、藏西诸河流域。流域内水资源总量高达 5853.3 亿 m^3，开发利用程度仅 1.2%，为全国一级水资源分区中最低，每年出境水量约为 5800 亿 m^3，接近全国的总用水量。受自然地理条件限制，山高水低是区域的现实状况，水利工程尤其是骨干控制工程建设难度大、成本高效益低，控制力不足是区域性和时段性缺水的主要因素，也是水资源配置中需要解决的首要矛盾。

（2）重点保障需求

作为相对水量丰沛的区域，珠江及东南诸河、西南诸河片区的水资源配置重点需求是增强供水能力，提高区域水环境质量，确保城乡供水安全。

珠江区在提高流域防洪减灾能力基础上，应突出维护河流健康、建设绿色流域的理念，增强水资源供给与保障能力。上游区应加强水土保持和水源涵养，确保水源地、生态屏障区安全，发展民生水利，建设绿色珠江；下游应改善水质条件，优化布局互联互通的水网配置工程体系。在区域整体配置的基础上形成流域大水网统一调配格局。

东南诸河区主要是增强水源均衡调配，解决沿海突出部及海岛地区的缺水问题，增加对独流入海河流的调控能力，尤其是加强对闽江、钱塘江、九龙江等主要河流的水量合理分配，严格控制工业污染。优先重点水系控制工程建设，强化水系间的互联互通，完善区域水资源的配置工程体系，建设区域水网，有效提高区域供水能力。

对于西南诸河区，自然条件是限制区域经济发展的不利因素，经济落后又反向制约了区域的水利基础设施建设，仍存在较大的供水问题。考虑到西部大开发和落后地区经济发展，该区水资源需求有较大增长空间。同时该区域也是水电能源基地，需要强化水利设施基础建设，实现水资源和水能资源的协同优化开发。将水资源配置与区域经济社会发展短板衔接，优先解决民生保障和区域经济发展所迫切需要解决的用水保障问题。

（3）配置措施与格局

根据珠江及东南诸河、西南诸河区的现状以及未来的发展目标与保障需求，制定切实可行、科学合理且环保绿色可持续发展的工程配置手段与措施，保证区域水资源可以为国家及地区的发展提供强有力的保障，提高水资源的信息化管理水平。

珠江上游地区以大中型水库建设为重点，实施滇中、黔中等跨流域引调水工程，解决与红河、长江流域接壤周边地区缺水问题；适应云贵高原地形特点开展"五小"水利工程建设，增强本地水资源利用强度，并提高中小工程与骨干工程的连通性，实现水源互济。中下游构建以西江龙滩及大藤峡、北江飞来峡等水库为骨干的水资源调配体系，下游构建珠三角整体配置工程体系，保障河口和沿海城市群供水安全，同时保障向香港、澳门供水的安全，改善部分地区天然径流过程，满足珠江入海水量对压咸补淡的需要。在充分挖掘本地水源潜力的条件下，通过实施引郁入钦、粤西西水南调等工程，保障北部湾及粤西缺水地区的用水需求，实现北部湾经济区的水资源合理配置。在水资源开发能力提升的同时，要按照节水治污的要求，通过节约用水、减少污水排放、提高污水处理等措施，改善河流水质，增加可利用水量。

在配置工程体系建设上，珠江中下游区域因地制宜建设大中型骨干蓄、引、提、调水工程形成水网调控体系，增加调控能力。红河、南北盘江及沿海地区，通过跨流域跨区域水资源调配，提高其水资源承载能力。依托配置工程体系加强综合调控，通过加大西江引调水和配置以及韩江、练江连通配置，缓解东江地区水资源供应紧张的状况。在调度层面强化流域整体调控决策，进行上游调蓄工程建设和全流域水量统一调度，保证枯水期及枯水年河道内生态环境水量，满足河口压咸及保障城乡供水安全的需要，维护和改善河口生态环境状况，改善水资源与经济社会格局不匹配的状况。

东南诸河区水系发达、水资源充沛，但受地形限制，水源区和主要用水区分离，因此蓄水工程和内部引水量调配十分重要，必须实施必要的区域引调水工程，实现水资源合理调配。东南诸河区以主要河流水系为依托，充分发挥大中型水库的调蓄作用，建立以各分区自我平衡为主，钱塘江、闽江等跨区域调水为补充，蓄、引、提、调结合的区域水资源配置体系。针对现状缺水区域分布，重点建设沿海缺水地区、重要海岛的水资源调配工程，加大海水资源的利用力度。完善浙江和福建的区域大水网构建，布局新安江水库—浙北、福建北水南调等区域基础水网设施建设。

西南诸河区主要配置措施是提高基础设施建设，充分论证不同水源工程的成本效益，择优排序，大中小型工程并举，增加工程调控能力，使得供水能力较现状有较大增长，同时强化水土流失及石漠化防治，助力区域发展。在水资源配置体系建设中加强对水电资源开发的统筹，实现水资源和水能的综合开发利用，通过骨干水利工程的建设，提高水能、水资源的利用效率。

5.5.7　西北诸河区

(1) 区域发展目标

西北诸河区西起帕米尔高原，东至大兴安岭，北达阿尔泰山，南迄西藏冈底斯山分水岭，总面积为 336 万 km^2，占全国陆地面积的 1/3 以上。西北地区是我国的内陆地区，全年气候干燥，水资源严重短缺，平均径流深不足 40mm。同时西北地区是全国宜农荒地资源分布较广的地区，能源资源富集，加上本区光热资源异常充足，草场资源丰富，后备耕地资源丰富，农牧业有很强后劲，是缓解我国粮食、肉类等农牧产品供需矛盾的战略后备区域。在当前土地资源日益耗竭的现实情况下，西北广大未开发和利用的土地资源成为我国可持续发展的战略后备资源。

西北地区的主要发展目标是进一步深化西部大开发，以丝绸之路经济带建设为契机，利用好西北的能源、资源优势，做好产业升级转型，在确保生态安全的条件下，持续推动区域经济健康发展。

(2) 重点保障需求

西北诸河区干旱少雨、生态环境脆弱、水资源短缺。全区现状水资源开发利用程度为 41%，其中河西走廊的石羊河、黑河、疏勒河等流域以及新疆的天山北坡、塔里木盆地、吐哈盆地等区域，目前的水资源开发利用已经超过区域的水资源承载能力。因此，西北地区必须把严格水资源管理作为加快转变经济发展方式的战略举措，在有限的水资源条件下寻求最有利于国家战略目标和区域经济振兴的水资源开发利用模式，实现可持续发展。对接国家"一带一路"倡议以及西部大开发战略，建设内陆型开发高地，立足区域土地、资源、光热、矿产等特色资源，结合区域国土空间规划，在整体生态保护为先的原则下以人口聚集区域为重点，强化重点区域的基础设施建设，增强区域发展均衡性，优化调整工、农、林、牧业的生产结构，兼顾社会效益、经济效益和生态效益。

西北地区水资源配置的主要矛盾是经济社会用水和自然生态用水的强烈竞争关系，因此必须将水资源问题与区域发展和生态改善等社会经济发展问题通盘考虑，重点保障国家西北生态安全屏障，建设现代能源化工基地，在具备水土匹配条件的区域建设粮食增产后备区，支撑宜居宜业的新型城镇化发展，构建绿色生态高效的高质量模式。

（3）配置措施与格局

西北地区水资源开发利用上必须贯彻生态环境优先的原则，水资源配置格局主要是协调生态用水与经济用水的平衡关系，严格保障基本生态用水，防止水资源过度开发引起的各类次生环境生态灾害。在水资源开发和区域发展关系上，按照"以水定地、以水定人口、以水定发展规模"的原则，优先控制合理的发展规模，确保重点目标需求，再以提高效率为中心减少用水需求，最后以空间均衡、水与发展布局匹配的原则对西北干旱区内陆河流域的水资源进行合理配置，降低西北地区经济社会发展对水资源的依赖。

节水是缓解西北地区缺水矛盾的关键所在。西北地区水资源配置必须立足高效节水，主要是通过采取严格的节水措施控制水资源需求增长，严格以水定产，以节水保发展，同时结合工业化和城镇化发展，调整农业结构，压缩部分灌溉面积，逐步改善生态和转移农业用水供工业和城镇发展。农田灌溉要在严控面积的基础上厉行节约用水，对已建灌区进行以节水高效为中心的续建、配套和技术改造工程，采用喷灌、滴灌、渗灌和地膜覆盖耕作等新的节水灌溉技术，水资源开发过度的区域应适当压缩灌溉面积；工业、城镇也必须采用先进的节水工艺、器具；城市和工矿企业用水的增加，除少数地区由外流域调水适当补充外，主要由农业节水和提高水重复利用率解决。同时，西北地区的生态环境十分脆弱，节水必须坚持生态为先，避免节水后增加用水给生态带来破坏。在一些下游生态环境已受影响的河流（如塔里木河、石羊河及黑河），要坚决减少农业用水，尽可能维持水资源不超载，超载区域逐步减轻超载程度，恢复应有的生态环境，实现西北地区水生态环境的均衡合理配置。

在水源供给方面，优先规划建设再生水利用工程和已有工程控潜，多措并举增强供水，优先解决农村饮水困难和其他涉及民生的供水目标。合理开发跨界河流的水资源，优化配置区域水资源，满足经济发展和生态环境保护对水资源的需求，逐步退还目前经济用水挤占的河道生态水量。在重点刚性需求目标难以保障且水资源超载的地区考虑必要的调水工程。统筹多种水源，在本地水源条件不能满足必需的发展需求时,对于需要重点保障的地区按照"确有需要、生态安全、可以持续"的原则分析重点调水工程的建设需求,有序推进引黄济石(石羊河)、引额济哈(哈密)、引哈济党(党河)、引江济柴(柴达木盆地)等跨流域调水工程,科学论证工程规模供水范围对象和建设时机,并进一步论证南水北调西线向西北地区调水补给的方案,建设粮食增产后备区。

通过调整产业结构和控制用水规模,以及实施必要的跨流域调水工程,提高水资源承载能力,修复石羊河、黑河、塔里木河等河湖和生态脆弱地区的生态环境,满足流域水量统一调度,保障下游尾闾的生态用水要求,逐步退还挤占的生态用水,恢复下游绿洲生态。

第6章 | 重点工程布局战略

根据《全国水资源综合规划》，2030 水平年全国供水水源配置是以南水北调东、中线工程最终调水规模（东线工程三期调水 148 亿 m³，中线工程调水 130 亿 m³），西线工程调水 80 亿 m³ 为依据，将南水北调工程调水量分配到受水区各省（直辖市）进行配置分析得出。按照南水北调总体规划，在一期工程实施的基础上应再开展中线二期和东线后期工程建设，在 2010 年完成一期工程的基础上，到 2030 年达到最终规模。

目前南水北调东中线一期工程已经建成，而工程的实际供水量受配套工程建设、调入区的用水需求增长等多重因素影响，尚未达到设计的供水规模。从工程实施进度和东、中线一期面临的实际供水状况来看，东、中线工程难以按照原规划进行分期建设工作。受京津冀一体化发展战略、加大河流生态用水等新形势的影响，南水北调后续工程建设目标、任务需要在新形势新需求下进行分析，按照全国配置格局的要求科学论证确定。

6.1 南水北调东线工程后续建设

6.1.1 规划方案和运行现状

南水北调东线工程利用江苏省已有的江水北调工程，逐步扩大调水规模并延长输水线路，向黄淮海平原东部和胶东地区供水，受水区面积为 18 万 km²。主要的供水目标是解决津浦铁路沿线和胶东地区的城市缺水以及苏北地区的农业缺水问题，补充鲁西南、鲁北和河北东南部的部分农业用水。

《南水北调总体规划》提出的东线工程分期实施方案：2010 年一期工程抽江规模为 500m³/s，多年平均抽江水量为 89 亿 m³，向胶东地区供水的规模达到 50m³/s，年供水量为 9 亿 m³，过黄河的输水规模达到 50m³/s；二期工程在一期基础上扩建，扩大抽江规模至 600m³/s，多年平均抽江水量为 105 亿 m³，向胶东地区输水规模为 50m³/s，过黄河的输水规模达到 100m³/s，其中向河北供水 7 亿 m³、向天津供水 5 亿 m³；三期工程在二期工程的基础上，继续扩大抽水和输水规模，抽江规模扩大至800m³/s，多年平均抽江水量148亿m³，向胶东地区输水规模达到90m³/s，过黄河的输水规模为200m³/s，其中向山东供水37亿m³，向河北、天津各供水10亿m³（表6-1）。

表6-1　南水北调东线工程分期实施规模

工程分期	抽江		向胶东地区输水		过黄河输水	
	抽水规模 （m³/s）	抽江水量 （亿m³）	输水规模 （m³/s）	供水量 （亿m³）	输水规模 （m³/s）	供水量 （亿m³）
一期工程	500	89	50	9	50	5
二期工程	600	105	50	9	100	17
三期工程	800	148	90	21	200	31

经国务院批准，东线一期工程于2002年开工建设，2013年建成通水。按照工程设计，一期工程多年平均抽江水量为87.7亿m³（比现状增抽江水量38亿m³），调入下级湖水量为29.7亿m³，过黄河水量为4.42亿m³，到胶东水量为8.83亿m³；受水区干线分水口门净增供水量36亿m³，一期工程多年平均可净增加供水量36.01亿m³，其中江苏19.25亿m³，安徽3.23亿m³，山东13.53亿m³（胶东半岛、鲁北地区、鲁南地区及航运用水分别为7.46亿m³、3.79亿m³、1.95亿m³及0.33亿m³）。

南水北调东线一期工程建成以来，2013～2021年已累计调水入山东省近53亿m³，8个调水年度调入山东省水量分别为1.7亿m³、3.28亿m³、6.02亿m³、8.89亿m³、10.88亿m³、8.44亿m³、7.03亿m³、6.74亿m³。工程通水以来，供水范围逐步扩大，调水量逐年增加，水质改善明显，对改善受水区的供水和生态恢复起到了积极作用。南水北调东线实现了长江水、黄河水、当地水的联合调度配置，增强了水资源调配和供给保障能力，提高了特殊干旱年份的应急供水能力。调水实现了对南四湖、东平湖、小清河等重点生态河湖的生态补水以及济南市的保泉补源，取得了显著的生态和社会效益。

6.1.2　存在的配置问题

虽然东线工程调水量逐年增加，社会效益、生态效益逐步扩大，但其仍面临诸多问题，相比规划调水量仍有较大差距。东线工程的主要问题在于调水成本和水价过高，远高于本地水源和引黄水源，尤其是叠加配套工程后的终端水价过高，加之配套工程建设滞后，难以参与本地水源配置过程。南水北调调入水量进入江苏、山东省后，省内平均水价均高于当地的水源费，要将江水送达用户，还需要建设配套工程和进入城市供水管网工程，并计入相应的供水成本费用，因此终端用户的成本过高。此外，主要的目标受水区山东省近十多年来用水总量基本稳定，在最严格水资源管理制度和节水水平提升的双重作用下，粗放式的用水模式得以控制，用水需求增长不明显。同时，本地水源工程能力提升也制约了受水区的南水北调水量配置。

此外，原水水质、工程输水能力约束、受输水时段限制输水效率低以及运行成本等问题也给水量配置带来了不利影响。在工程能力方面，山东胶东干线的输水能力低于 $50m^3/s$，输水能力有限，在胶东大旱等需要短时间大规模增加调水时能力不足。为保障山东半岛东部城市需水，山东临时启动了引黄东调应急工程。此外，而配套工程滞后对实际配水带来了更大的影响。

可以看出，虽然受上述不利因素影响，东线的调水量总体还是逐年上升，说明供水范围内的区域对南水北调水量的需求比较迫切。同时，分析山东省近十多年引黄水量可以看出，水量总体呈上升趋势，长期超过给定的引黄指标，说明在地下水压采生态修复等水源优化调整措施下受水区水量需求仍然在增加，南水北调工程还没有充分发挥置换不合理的生态水量挤占的作用。未来应充分发挥南水北调东线工程的跨流域水量优化配置作用，理顺水资源管理、水价机制，通过与中线工程以及本地水源工程、引黄工程联合运行调度，提高京津冀地区水安全保障能力，逐步退减并消除对生态用水的不合理挤占，同时通过水量置换优化黄河供水区的供水结构，从而改善黄河流域的生态状况，助力京津冀一体化和黄河流域生态保护和高质量发展的国家战略。

6.1.3 后续规划建设建议

东线一期供水范围近几年的实际调水量虽未达到设计标准，但其实际需求受到年型、政策、经济等多方面因素的影响，具有不确定性。总体看，随着供给条件的改善，原有缺水状态缓解，部分受水资源条件限制的需求得到释放，受水区用水需求近年处于稳中有升的趋势，从优化水量配置角度分析，东线增加供水具有现实意义。同时京津冀一体化、黄河水量的合理调控、华北地区地下水超采综合治理、河湖生态复苏等因素也具有重要影响，在东线工程的后续建设中必须考虑。

按照上述情况分析，东线后续规划建设需要考虑的因素主要有：

1）京津冀一体化用水增量保障要求。根据《京津冀协同发展规划》，南水北调工程是京津冀协同发展的水资源保障措施之一，河北省、天津市和北京市对南水北调东线工程供水要求迫切，二期规划水量分配将重新考虑三省（直辖市）

的用水需求，初步考虑配置河北省 9.69 亿 m³、天津市 8.26 亿 m³、北京市 8 亿 m³，合计 25.95 亿 m³。而江苏省和山东省二期规划不要求增加调水量。按照上述需求叠加一期鲁北地区分水指标 3.6 亿 m³（用户端供水量），实际考虑京津冀用水需求后的过黄河总水量与原三期规划需水一致，但京津冀地区的需求增长趋势如何，能否通过压缩原有供水范围增加京津冀地区的供水，调整后的水量能否满足京津冀地区的刚性用水需求，还存在较大的不确定性，导致后续工程的论证难度较大。总之，京津冀的新增需求尤其是雄安新区建设的远期需求是东线后续建设规划的影响因素之一。

2）引黄水量的置换。东线的主要目标受水区山东省以引黄水为重要水源，引水量长期超过用水控制指标。按照国务院批准的黄河八七分水方案，属于南水北调受水区的下游四省（直辖市）中，河南省、河北省和天津市实际耗水量尚未达到分配耗水指标，而山东省实际耗水量已超分配耗水指标，按照 1999 年黄河统一调度后的引黄水量统计年均耗水超指标大于 10 亿 m³（图 6-1）。南水北调东线通水之后，山东省引黄耗水量不降反升，从通水前（1999～2013 年）的 70.7 亿 m³增加到通水后（2014～2020 年）的 89.0 亿 m³，2019 年下游四省（直辖市）黄河地表水取水耗水总量达到 164.2 亿 m³（图 6-2），占当年黄河地表水总耗水量 370.7 亿 m³的 44%，达到 1999 年黄河实施统一调度后的历史最高值；2020 年四省市引水总量为 152.1 亿 m³，占当年黄河地表水总耗水量 353.8 亿 m³的 43%，仅次于 2019 年，且已经接受南水北调中线调水的河北省引水总量达到 18.3 亿 m³，为历史最高值。而同期四省（直辖市）南水北调东、中线水量配置并未达到分配指标。尽管 2019 年和 2020 年黄河水量相对偏丰，考虑黄河流域本身也是贫水地区，从流域间整体水量配置角度看仍存在不合理之处。因此，从国家层面的水资源配置战略来说，应当充分发挥南水北调的综合效益，降低黄河流域的水资源开发强度。分析现有引黄用水区，一半以上都在南水北调受水区范围内，通过东中线来水置换引黄水量、降低黄河开发强度可以作为充分发挥东线工程供水和生态效应目标之一。

3）输水运行调度方式的影响。不同于中线工程，东线工程干线大量借助现有河道输水，与本地水源形成了水网体系。因此，受本地水流尤其是汛期排洪排涝、泵站运行等因素影响，现有的东线工程不是连续输水，其水量配置必须和本地水源、其他水源进行联合调度配置，增加了水源配置的复杂性。由于受多类因素制约，东线的调度方式、水源用户优先级和水价、水质、供水时段等因素挂钩。因此，东线的水量配置必须基于合理可行的调度方案分析。在现有的工程布局体系上，未来东线工程干线是否局部新增输水，尤其是输送到京津冀等新增受水区的工程如何建设，是否需要连续输水，需要和受水区的供水

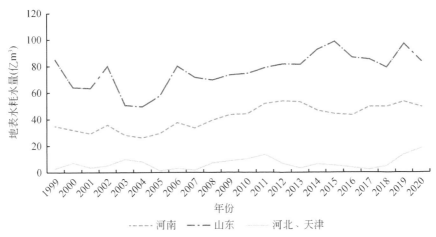

图6-1 黄河下游四省（直辖市）历年跨流域引黄耗水量

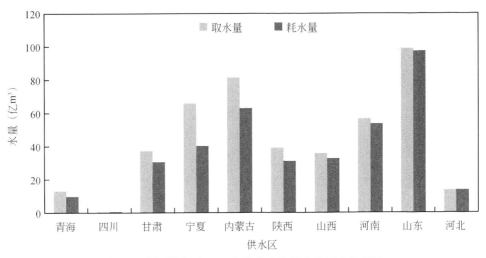

图6-2 黄河供水区2019年地表水取用水和耗水分布图

目标、其他水源配置方式关联进行整体分析。

从东线工程建设过程和现有的运行问题来看，按照原有规划分三期建设的难度很大。在现有保障目标清晰的情况下，应将东线扩建或续建作为整体考虑，分析是否需要扩建，若扩建应一次性考虑达到最终规模。

按照上述分析以置换黄河水量、保障京津冀用水需求作为东线工程未来的规模依据，分析对比不同工程和调度运行方案下东线工程的可增供水量，提出合理的建议方案。

针对东线扩大供水规模置换引黄水量和增加京津冀供水设置以下情景。

情景一：在东线一期工程规模的基础上扩大供水，分析置换引黄水量。考虑东线一期汛期不输水，12 月至次年 3 月东线工程只向胶东调水，山东段干线泵站和输水能力有富余的情况。在东线一期工程达到原规划的年抽江水量 89 亿 m³ 基础上，在东线一期工程运行的空闲周期（12 月至次年 3 月），充分利用泵站富余抽水能力扩大供水规模，集中向引黄受水区尤其是鲁北地区供水，入东平湖水量与东线一期工程规划入东平湖水量相比，增量部分即为扩大供水量。

情景二：在东线三期工程规模的基础上扩大供水，满足新增供水需求后最大可能地置换引黄水量。

根据上述两个情景方案分析结果，情景一在东线一期泵站规模的基础上，充分利用上级湖以上泵站富余输水能力，多年平均入东平湖水量可以达到 17.3 亿 m³，与一期规划值相比可增加供水量 4 亿 m³，即最大可能置换引黄水量 4 亿 m³。

情景二在原规划东线三期泵站规模的基础上，满足新增的京津冀 26.5 亿 m³ 用水需求和山东省鲁北以外的其余受水区规划用水需求后，多年平均可增加调水量 23 亿 m³，考虑扩大供水能力与引黄水量过程匹配性，最大可能置换引黄水量 17 亿 m³。由于该情景分析中受水区仍采用规划的需水数据，考虑受水区进一步节水和优化水源配置的效应，未来利用黄河水量应低于原有规划方案，因此实际可置换的黄河水量也低于该最大可能值。在明确京津冀区域的供水对象、时段需求并结合其他多种水源联合调节后，充分借助东线的输水能力，在枯水年置换水量可以更高。

综合考虑东线的调水需求，为确保山东引黄水量降到控制指标以下，建议东线工程按照原规划的最终规模建设，同时通过加强调度置换引黄水量满足综合用水需求。

6.1.4 水价机制和运行调度建议

考虑水价因素对南水北调东线工程供水的制约，应当以发挥南水北调工程的生态效应和公益性质为主要目标。为实现生态效益，除了工程建设、调度等技术支撑外，还需要在水价体制上合理考虑，促进水量利用，真正缓解受水区水资源短缺、生态用水被挤占的实际情况，避免通水后引黄水量仍然超标的情况。建议考虑以下措施逐步完善水价机制：①基本水价由中央、省、地方共同承担，终端用户只承担计量水价的费用。②工程达效期设置调水缓冲期并实行水价优惠措施。③推行区域综合水价，对水资源实行统一管理、统一调度、统一配置。考虑受水区和黄河均为水资源匮乏区域的实际情况，低价利用实际是侵占生态权利，应当提高当地水和黄河的资源水价，执行统一的区域综合水价。④推行差别水价，对于高峰期用水和低谷期采用不同峰谷价格。考虑到各地发展不均衡以及城乡差别带来的不同水价的承受能力，实施区域差别的价格体系，促进合理用水。

6.2 南水北调中线工程后续建设

6.2.1 规划方案和运行现状

南水北调中线工程从汉江丹江口水库陶岔渠首闸引水，经长江流域与淮河流域的分水岭方城垭口，沿黄淮海平原西部的京广铁路西侧北上，通过自流向河南、河北、北京和天津供水，受水区范围为15万km²。中线工程的主要供水目标是：为受水区的城市提供生活和工业用水，并兼顾沿线的农业与生态用水以缓解城市和农业、生态用水之间的矛盾，将城市挤占的部分农业、生态用水归还农业与生态，基本控制大量超采地下水、过度利用地表水的严峻形势，遏制受水区生态环境继续恶化的趋势，促进该地区社会、经济和生态的可持续发展。

南水北调中线工程一期、二期工程主要特征参数如表6-2所示。

表6-2 南水北调中线工程一期、二期工程主要特征参数表

工程阶段	陶岔渠首流量设计/加大（m³/s）	汉江下游需丹库最小补偿下泄水量（亿m³）	丹库入库水量（亿m³）	清泉沟供水量（亿m³）	丹库下泄水量（亿m³）	可调水量（亿m³）	与受水区联合调度后调水量（亿m³）
一期	350/420	162.2	362	6.3	218.3	97.1	94.93
二期	630/800	165.7	356.4	11.1	199.7	121（140）	131.29

注：（）中的数是以"年均调水量最大"为目标的调水量。

一期工程：丹江口水库大坝按正常蓄水位170m加高，总干渠陶岔渠首引水流量为350~420m³/s，多年平均年调水量为95亿m³，枯水年为62亿m³；建设穿黄工程，输水规模为265m³/s，向黄河以北输水量为63亿m³；汉江中下游兴建兴隆水利枢纽，引江济汉工程，改扩建沿岸部分引水闸站，整治局部航道等四项工程。

二期工程：在一期工程的基础上扩大输水能力，陶岔渠首引水流量增至800~630m³/s，汉江下游仍维持第一期工程的四项配套工程。工程建成后年调水总量达到130亿m³，因受来水减少及下游需水增加影响，枯水年的调水量仍维

持在 62 亿 m³。可根据受水区社会经济发展的需水要求，确定是否从长江补水。

中线一期工程已经建成通水，骨干工程已经分别达到设计规模，但受水区配套工程尚未完全建成，处于工程达效期阶段。根据国务院南水北调建设管理办公室发布的消息，截至南水北调中线一期通水 3 周年的 2017 年 12 月 12 日，3 年累计向北方供水 108.578 亿 m³，各年供水量分别为 21.668 亿 m³、38.45 亿 m³、48.46 亿 m³。按照 3 个调度年统计（11 月 1 日至次年 10 月 31 日），3 年累计输水 106.85 亿 m³，其中向河南供水 37.82 亿 m³，向河北供水 11.68 亿 m³，向天津供水 22.84 亿 m³，向北京供水 28.44 亿 m³。截至 2021 年 7 月，中线输水总量达到 400 亿 m³，其中向河南供水 135 亿 m³，向河北供水 116 亿 m³，向天津供水 65 亿 m³，向北京供水 68 亿 m³，其中生态补水量达到 59 亿 m³。2020 年度调水量已超过规划的多年平均供水规模。从实际分配水量效果来看，工程总体效益好于预期。随着沿线配套工程的逐步完工和投入运行，供水量呈增加趋势。目前北京的受水量已经达到并超过一期工程的用水指标，南水北调水已占北京城区日供水量的 70% 以上，中线受水区沿线的地下水超采和地下水位下降趋势得到遏制，生活供水水质得到改善，生态补水超过规划设计规模。

6.2.2　存在的配置问题

中线工程主要的问题在于汉江的来水条件限制，同时调水和汉江下游以及湖北省本地用水、河道生态用水的配置矛盾突出，丹江口水库调度难度大，未来再增加输水不确定因素多，加大规模后的输水量难以保障。

目前汉江水量（丹江口水库以上）的配置目标包括汉江中下游干流自身三生用水 162 亿 m³，南水北调受水区北调水量 95 亿 m³，鄂北地区农业及生活生产用水 6 亿~14 亿 m³，上游陕西引汉济渭调水量 15 亿 m³，以及上游流域自身的生产生活用水。按照已有的各类规划，汉江流域用水需求尚有进一步增加的趋势，南水北调二期调水北调水量需要增加到 130 亿 m³ 以上。汉江流域丹江口水库以上多年平均水资源总量为 388 亿 m³，现状水平下的总用水需求达到 280 亿 m³，按照二期调水规模，未来汉江上游面临的总需求达到 300 亿 m³ 以上，考虑来水衰减、蓄水损耗等影响可控水量的因素，仅针对近期供水任务，丹江口水库必须保障径流调节率达到 75% 以上，远期达到 85% 以上，再叠加防洪、发电、航运等综合需求，径流调节要求更高，因而丹江口水库的调度存在巨大的挑战。

目前中线一期主体工程建成后，实际调度中存在的主要问题有几方面：①天然来水明显衰减。近期汉江上游来水大幅低于多年平均水平，2014 年以来多个年度来水均偏少 20% 以上，2016 年来水仅 200 亿 m³，较多年平均偏少 42%，同时丰枯变异加大，在北调水量尚未完全达到设计规模的情况下已经出现水库可调水量低于北调计划水量的情况。②下游生态和经济用水量配置不足。由于来水不足，部分时段为保障北调水量，丹江口按照低于 490m³/s 的最低生态流量目标控制下泄，造成下游用水紧张和汉江水华事件加剧。③丹江口水库汛限水位对水量控制存在严重制约。丹江口水库的洪水校核标准偏高，汛限水位和时间控制较为严格，制约了水库多年调节性能的发挥和对洪水资源的利用，容易出现前期受汛限水位控制大量弃水而后期又无水可蓄的情况。④水量配置机制尚未理顺。在工程管理方面，涉及汉江调度的丹江口水库、陶岔枢纽、清泉沟取水口等工程均归属不同部门管理，大江口水库大坝和加高部分甚至归属不同部门管理；在调度用水计划方面，中线调水、中下游供水、清泉沟引水以及上游的引汉济渭均由不同部门制定调度规划，存在多方争水的现象。工程和用水计划多头管理的现象对于水量优化调度极为不利，容易造成水资源的浪费。⑤上游水源保护存在较大压力。丹江口水库现状水质优良，但存在总磷指标偏高、富营养化发展的风险，由于上游流域范围大，水库消落带缺乏统一规划管理，地方政府在经济发展需求驱动下存在不符合水源区要求的开发活动，水源保护压力大。⑥工程运营维护资金不足影响水量配置。现有的北调水量存在水费收取不足的问题，导致工程运行管理以及水源保护等任务难以顺利完成，影响水量供给和水质保障。

因此，中线工程调水运行以及未来规模的调整需要充分考虑汉江流域水资源优化配置，重点是协调本流域需求与跨流域调水、经济用水与生态用水、河道内用水与河道外用水等几大需求，关键在于丹江口水库等重点工程的优化调度。

6.2.3 后续规划建设建议

南水北调中线工程是国家水资源配置的战略工程，有必要根据新的配置目标任务、未来的配置格局和供需态势，同时考虑工程建设的可行性对南水北调中线工程提出后续建设任务。

南水北调中线干线工程后续建设具有 3 种情景：情景 1（挖潜方案），基于一期工程完成配套工程建设，实现一期工程的达效规模，不开展后续规划建设；情景 2（挖潜加引江补丹方案），按照规划建设二期工程，达到总体规划的规模；情景 3（干渠扩建加引江补丹最大引水方案），根据实际情况实施一期工程加大输水调整后续建设规模。考虑中线一期工程的布局，从尽可能节约用地、减少工程难度的角度出发，中线扩建方案可选择在一期工程输水干渠右侧布设两根 100m³/s 的管涵，使得中线干渠输水陶岔渠首规模达到 530~600m³/s。

在汉江上游引汉济渭已经确定的情况，对于中线工程可调水量具有重要影响的另外两个水源工程可以作为后续建设方案：①引江补丹工程，从神农溪补水到丹江口或从大宁河调水经堵河入丹江，增加丹江口入库径流。大宁河调水抽江规模 250~300m³/s 方案的多年平均调水可达 30 亿 m³，最大抽水方案可以达到入库水量 50 亿 m³，但抽水量越大越容易造成水库无效弃水。②汉江下游航电枢纽建设，回水将大大改善汉江中下游的航运条件，丹江口—襄樊段航运流量最低可降至 400m³/s，可减少需丹江口水库补偿下泄水量。这两项工程的建设可以增加同等条件下丹江口水库的北调水量，对于中线工程具有有利影响。

按照上述两类因素组合，形成方案集分析，分别计算不同情景方案陶岔渠首的可调水量，与中线工程一期调水规模 95 亿 m³ 相比，增量部分即为中线工程扩大供水规模的增加供水能力。得出主要的边界条件方案结果如下：

1）挖潜方案。不实施引江补丹工程、不扩大输水干渠规模，通过建设航电枢纽降低汉江下游航运需求，同时优化汉江中下游用水结构，与一期工程调水 95 亿 m³ 调水规模相比，可增加北调水量 20 亿 m³。

2）挖潜加引江补丹方案。不扩大输水干渠规模、建设航电枢纽、实施引江补丹工程，抽江规模达到 250m³/s，年均抽水量 25 亿 m³，中线工程多年平均调水可达 125 亿 m³，与规划中线一期规划调水规模相比增加供水能力 30 亿 m³；此时中线干渠基本保持满渠输水，存在较大受水区来水偏丰水量不能实际供出的风险。

3）干渠扩建加引江补丹最大引水方案。扩大输水干渠规模、建设航电枢纽、实施引江补丹工程，抽江规模按照最大调水设置达到 300m³/s 时，年均抽水量 50 亿 m³，中线工程多年平均调水 165 亿 m³，相对一期工程增加供水能力 70 亿 m³。相对二期规划调水量增加 30 亿 m³。

从上述结果可以看出，在不扩建中线干线工程的前提下，各种综合措施保障现有干渠能最大规模输水，最高能在一期规划调水量基础上增加调水 30 亿 m³，不能达到中线工程规划的最终调水规模。而考虑中线干渠扩建后，考虑各种综合措施最大可调水量可以达到 165 亿 m³，在二期调水规模上增加调水 30 亿 m³。

参考东线置换引黄水量的分析，在充分满足置换的工程设施基础上，按照现状的受水区水量需求模式，考虑引水过程和引黄的过程差异，上述 3 种情景方案多年平均分别可以置换引黄水量 15 亿 m³、20 亿 m³、30 亿 m³。其中第三个情景按照现有模式受水区需水不能完全利用，多余水量只能作为受水区生态水量。若按照原规划的二期通水后的受水区需水量或 2030 年后的需水峰值分析，则情景 1、情景 2 仅部分年份具有置换能力，情景 3 仍可置换 20 亿 m³ 引黄水量，并具有 10 亿 m³ 富余水量，可以满足新增需求或作为生态水量。

根据上述情景方案分析结果，考虑受水区需水的不确定性，结合中线调水区未来用水需求增长趋势和工程建设难易程度与分期可能性，建议对中线工程后续规划优先选用挖潜加引江补丹的方案增加引水规模，先期通过汉江下游航道治理、航电枢纽建设减少枯水期丹江口水库针对航运目标的水量下泄要求，提高可调水量，然后考虑引江补丹补充供水，使调水接近二期规模，远期如有必要再考虑干线扩建。

通过现有的东中线工程加大规模输水，减少下游受水区的引黄水量，一方面可以改善黄河下游河道的生态状况，另一方面在置换水量足够的情况下，也可以把置换出来的黄河下游引水调配到中上游缺水地区，在西线工程确定和实施之前，最大限度地借助已有工程改善西北地区整体缺水的现状。

6.3 南水北调工程西线工程

6.3.1 规划方案

南水北调西线工程是从长江上游调水到黄河上游的大型跨流域调水工程，按照南水北调总体规划为分三期实施。一期工程从雅砻江支流达曲、泥曲，大渡河支流杜柯河、麻尔曲、阿柯河五条河流筑坝引水，分别调水 15 亿 m³ 和 25 亿 m³，年调水总量 40 亿 m³。二期工程选择雅砻江干流阿达水库输水到黄河支流贾曲，调水 50 亿 m³。三期工程为通天河侧仿水库输水到雅砻江再到黄河支流贾曲的自流线路，调水 80 亿 m³。整个西线工程为三条线路，总调水规模最终达到 170 亿 m³。2006 年，水利部要求将第一和第二期工程（第一和第二条线路）水源合并，作为南水北调西线一期工程。根据项目建议书，一期工程将从雅砻江上游、大渡河上游通过 320km 隧洞直接调水到黄河干流，年平均可调水量约为 80 亿 m³。按照南水北调总体规划采用的干支流多线路联合调水方案，西线达到最终规模后的调水量占河流调水断面径流的 65% ~ 70%。

按照修订后的西线一期工程规划，工程建成后可增加黄河流域外供水 60 亿 m³，缓解黄河缺水形势，尤其是上游青海、甘肃、宁夏、内蒙古等地可直接受益。同时，增加黄河河道内供水 20 亿 m³，与引汉济渭合计增加入海水量 29.6 亿 m³，使入海水量增加到 211 亿 m³，基本满足河道内生态水量要求。

6.3.2 进一步规划论证分析需求

南水北调西线工程由于其复杂性，虽然经过半个多世纪的论证，仍然存在一些争议。对于现有的西线调水方案，在现有科学治水理念、社会经济形势变化等背景下，需要进一步分析经济、生态和工程建设方面的问题，提出合理可行的方案。主要的问题包括：

1）明晰生态账，进一步分析调出区的生态环境影响。现有的调水规模为总体规划确定，对调出区的论证主要分析了社会经济的需求，生态环境仅考虑了基本需求，对调出区生态环境影响的考虑不足。由于调出区属于人口稀少区域，虽然规划中充分考虑了需求增量，但社会经济用水需求也仅为调出区资源量的 1% ~ 2%。因此，总体规划中的远期调出水量占调出河流断面径流的 65% 以上，该方案与现有的生态环境要求相差甚大。对于调水对调出区以及更大范围的周边区域的生态环境影响缺少深入分析，与现有生态文明理念以及长江大保护总体要求不符合。因此，需要根据新理念和相关标准规范，结合具体调水河流进一步明确其生态流量要求，对调水带来的经济社会不利影响进行综合评估，并重点分析极端干旱条件下的调水总量和过程控制，尽可能将调水带来的不利影响控制在可接受的范围内。

2）算清经济账，明确目标需求并进一步分析对比替代方案。按照原有总体规划，西线工程最终规模是按受水区较大的社会经济规模和用水需求确定，同时还包括了大量生态需求。按照现有的最严格水资源管理要求和实际用水变化态势，受水区的用水需求和增长趋势实际已经大大低于总体规划的分析结果。作为西线受水区的黄河虽然缺水严重，但仍然以低廉的价格跨流域调水近 100 亿 m³ 支持其他流域的用水，同时已经建成的南水北调东中线尚不能用于黄河流域自身生态。以高昂代价调水进入黄河流域，需明确目标和预期效益，进行成本效益核算和可靠的替代方案分析，例如，是否需要衡量节水甚至压缩灌溉面积减少黄河引水的成本和调水的成本，以边际效益均衡的原则确定合理的方案。同时，对于调水后下游发电等河道内用水的经济效益损失也需要充分分析并明确补偿方案。因此，应分析受水区的实际需求和节水、减少黄河流域外调水以及增加南水北调东中线水量等作为西线的替代方案和效果，综合对比分析确定方案合理性。

3）明确工程账。西线工程地质条件复杂，属于高海拔、人烟稀少的少数民族为主的经济落后地区，建设难度高，投资大，建成后的运行维护成本高，风险大。由于建设难度大，运行风险高，应当深入分析工程的建设运行账，综合对比成本、不利影响和效益，将其作为工程建设可行与否的依据。

总体而言，调水规模需要遵循"确有需要、生态安全、可以持续"的原则来确定，而现有西线方案尚未充分论证形成满足这三条原则的科学权威结论。

考虑现在的各种形势变化，特别是随着东、中线建成后的运行效果逐步显现，西线工程总体尚未到十分迫切的时期。针对西线工程建设，建议仍需要从长远角度考虑，充分考虑社会经济和需求的变化、工程技术手段的提升，借鉴东、中线一期工程的建设、运行经验，科学客观审视其必要性和可行性。另外，在原来各种西线方案论证的基础上，应当从国家整体战略的高度出发，从更大的尺度考虑调水的可行性和效果，寻求最佳的投入、产出效果，以构建国家水网主动脉为目标，探讨解决我国的粮食安全、水资源保护、农业生态和地区之间的发展不平衡问题。

第7章 保障措施建议

7.1 加强水资源刚性约束制度

黄河流域生态保护和高质量发展国家战略提出"把水资源作为最大的刚性约束",表明水资源是所有约束条件中最为严格且不容突破的,高质量发展需要以可开发利用的水资源作为前提条件。水资源刚性约束的关键在于"以水定需",把经济社会活动限定在水资源的承载能力之内,约束倒逼社会经济发展规模与结构。"以水定需"实际也就是要回答"什么水? 什么需? 如何定?"的问题,在此基础上制定水资源刚性约束制度,明确"水"和"需"的范围和关系,建立有效的以水定需、适水发展模式,促进高质量发展。

7.1.1 明确可利用水量

"以水定需"首先需要明确"什么水"的问题,这也是水资源刚性约束的前提。"水"是可利用有保障的水,就是界定生态水量边界条件后的水量。水资源刚性约束主要体现在对河道外社会经济发展的限制,即高质量发展应建立在良好的生态环境基础上,通过开发强度控制水资源的利用上限。因此,必须优先保障适度的河道生态流量,在优先生态保护的前提下得出水资源可利用量,用于保障流域内外社会经济发展,促进发展与水资源承载能力相协调。不同流域、不同河段生态系统特征不同,需水特性也不同,如干旱地区优先保障最低生态需水量。实际工作中,应采用不同标准和分析方法,开展生态需水及其过程研究明确流域可利用水量,进而开展流域水资源承载能力评价,为社会经济发展规模控制提供总体依据。

遵循"以水定需"原则,需要改变以往以需定供的分析模式,以水资源可利用量和供水潜力分析为基础,明确水资源的开发必须规模适度。可利用水资源量包括流域内常规水资源和非常规水资源,其中常规水资源又包括流域内地表水、地下水及外调水。地表水可利用量应在扣除流域内最低生态需水量且考虑流域不同生态系统生态需水过程的前提下得出;地下水可利用量应结合流域地下水特征，在不破坏地下水生态系统的前提下得出；可能的跨流域调水量需要根据调水规模的科学论证确定；非常规水资源可利用量根据非常规工程供水能力来确定。综合上述各类水源分析得出的水资源可利用量，可以作为水资源供给侧的约束条件。

7.1.2 确保需求刚性合理

"以水定需"中的"需"是必要合理的用水需求，包括用户合理性和用水效率合理性两个层次。合理的用水需求意味着用户符合发展区域发展定位、用水效率满足节水要求，也即符合需求合理、效率达标的需水。不合理用户主要是指不符合产业规划布局的用户，如侵占生态红线的土地灌溉，也包括用水效率明显低于区域整体效率的用户，如缺水地区的高耗水用户。用户合理但用水效率不达标也会产生不合理用水，也即必须坚持节水优先原则，用水效率应当达到符合区域特征、社会经济发展水平下的高效节约要求。

合理需求根据重要性可再划分为刚性需求和一般需求。刚性需求是指确保生存所必需以及国家发展目标所确定的用户需求，可参考国土空间规划以及全国主体功能区划等合理确定，包括国家级经济区、国家能源布局、国家商品粮基地等，同时城乡居民生活用水、市政生态建设用水、重要河湖湿地最低限度生态用水等也应作为刚性需求优先保障。一般需求是指刚性需求以外的其他合理需求。通过需求等级的划定，解决合理需求的重要性和优先顺序问题，在水资源供给紧张条件下协调需要与可能之间的关系，确定供水保障次序。

需求合理性还包括对未来需水变化趋势的科学判断。需水取决于发展规模和用水效率两方面因素。在"以需定供"的思路下，考虑规划对工程建设的指导作用，受决策影响较大，主观上存在需水预测偏大的意愿，用水竞争关系强烈的区域更为明显。一方面是发展指标预测过大，大多采用相关部门提供的发展指标，对经济社会发展的客观规律考虑不足，实际出现较大偏差。另一方面，用水效率的选择存在较大主观性，也带来需水预测与实际存在差异，往往偏大较多。现有的国标、行标、地标等不同层次的指标体系都涉及用水效率标准，存在不一致，既使得标准选择存在困难，也容易使结果受主观意愿影响。同时，标准具有静态性，对现状实际和变化规律考虑不足，难以反映强化资源环境约束管理、新技术发展以及经济结构性调整对综合用水效率趋势变化的影响。因此，应当更科学地对经济社会发展和用水效率作出判断，注重社会发展规律、历史变化规律、经济机制作用等因素，从宏观层面和长期尺度审视经济发展和用水效率变化的客观规律性，提出符合刚性合理原则的需水，引导水资源刚性约束有效发挥作用。

7.1.3　强化供给保障能力

水资源可利用量是开发利用上限，但是否能转换为供水还需要结合工程条件进行分析。因此，需要在可利用量的基础上进一步分析供水保障能力。对于可利用的水资源量要通过必要的工程条件转化成可靠的供给保障能力。常规水源供水能力是指能够支撑水资源需求且有工程保障条件的供水，对于本地地表水、过境水和地下水等不同常规水源应该分别分析。非常规水源以其工程规模为依据并结合其适用范围的用户需求分析其保障能力。供水系统的供给保障能力应确保满足合理的用水需求，形成需求不突破水资源刚性约束、供给能力可以保障合理需求的总体供需格局。

高质量发展还需要分析提高供水安全保障的要求。供水安全分析包括针对不同的来水频率年对用户保证率的分析，以及对于不同类别用户的水质要求，对于不同类别的水源应分析其水质状况和不同保证率的可供水量，与用户进行匹配性分析。此外，供水安全还包括必要的水源储备和应急水源供水能力，对供水工程和配套设施能力冗余要求，以及对现有供水工程可能衰减的能力进行评估，新增的供水能力中应核减现状工程供水能力的衰减部分。

7.1.4　提升用水效率效益

通过全行业高效节水促进水资源刚性约束下的高质量发展。建设节水型社会，形成减水化的经济发展方式和先进用水文明。通过源头管理，对允许取水量、耗水量和排污量的科学界定和综合管理，在此基础上开展经济社会可用水量分配、优化经济结构和产业布局，实施面向不同用水主体需求的差别化配置管理，实现用水的减量化和合理化。通过用水全过程管控，从取水、输水、用水、排水等环节对重点用水户实施精细化监控与管理，促进全过程节水。针对不同地区、不同行业提出不同节水技术，在节水的同时增加产出和收益。

建立全民节水制度体系，严格实施计划用水与定额管理，并确保用水效率与退水管理合理的协调关系，健全节水用水统计制度，建立重点取用水企业、城镇供水单位、万亩以上灌区取（用）水台账；推进水资源税改革，完善取用水在线计量监测，提高洪水资源化程度，创新全流域深度节水控水的激励机制，助力发挥水资源刚性约束作用。

农业节水方面，推进灌区高效节水、控盐、减污、水肥一体化技术，开展现代农业发展模式和水权流转机制建设。工业节水方面狠抓用水大户节水工作，加强用水定额管理，针对中上游煤化工、石油化工和钢铁等高耗水行业，研究高效节水技术、污染物高效削减和水再生循环利用的近零排放工业生产模式。城镇节水方面，加强再生水利用，研发低成本和高效生态的污水资源化技术，形成污水分级处理与再生水分类回用的多层次集成技术体系。在管理上强化监测和引导，逐步建立完善全方位监测以及信息感知与实时传输系统，推进"互联网+水资源"的智慧水利管理体系，建立完善用水分级计量体系，建立分用户用水统计台账，实现用水效率动态监控，将节水与提高生活水平、提升生产效率、改善城乡环境等改善民生的工作结合，使节水效果落到实处。

7.1.5 促进经济结构优化

以往的水资源开发利用受制于优先保障社会经济发展用水的思路，缺乏用水资源承载能力来约束倒逼社会经济发展规模的机制。落实水资源刚性约束下的"以水定需"，社会经济发展要因水制宜，量水发展，按照流域内水资源的时空分布特征，合理规划人口、土地、城市和产业发展。首先，应对现状用水进行合理性识别，对不符合国家发展战略、流域发展定位、民生基本保障、节水基本要求的供、用水应逐步予以退还；其次，根据流域水资源可利用量结果，按照国家主体功能定位以及不同层次规划要求，对未来合理的发展需求进行分层保障，优先保障刚性合理需水，坚决抑制不合理用水，根据水资源条件约束倒逼社会经济发展规模。

严格按照分水指标确定发展规模，在现有的水资源分配总量和指标条件下，按照约束倒逼的原则建立"以水定城、以水定地、以水定人、以水定产"控制机制。在保障生活用水、优先满足国家目标等刚性用户需求条件下确定其他产业的发展布局。提高行业发展规划与水资源配置的关联性，加强科技支撑，以水资源统筹提出"城地人产"的发展规模、结构目标，根据水资源保障需求提出发展引导和管控要求，通过规划引领、实施评估等确保"四水四定"的实施，协调推进各项工作。

7.1.6 深化管理体制改革

强化水资源约束管理，形成流域一体化管理体系。建立健全多部门参与的水资源规划实施协调机制，加强水利、生态环境、自然资源等部门的协调与分类指导作用，推动水资源管理体制符合"以水定需、适水发展"要求。

加强行业科技主管部门对流域水资源刚性约束重大科技项目规划、立项、实施过程以及后期评估的统筹协调力度，确保重大科技项目的实施成效。在城市空间布局上，要遵循自然规律，优先规划城市水系；在确定城市规模时，必须充分考虑水资源禀赋条件；在城市发展定位上，必须把水资源可利用量、水环境容量作为城市发展的刚性约束，要立足流域和区域水资源承载能力，合理确定经济布局和结构。

通过考核机制落实加强水资源约束的重点措施。一是把水资源论证作为产业布局、城市建设和区域发展规划审批的主要前置条件，促进经济发展方式与区域水资源条件相适应。二是严格取水许可管理。明确接近或超过分水指标的区域，灌溉面积不得扩大，城镇河湖水域面积不得增加，产业用水不能增加，不得上马耗水型企业等；对地下水取用水总量已经达到或超过控制指标的地区暂停审批建设项目新增取用地下水。三是严格高耗水、高污染行业水资源论证的审批。对取用水总量已达到或超过控制指标的地区，暂停审批建设项目新增取水；对不符合国家产业政策或列入国家产业结构调整指导目录中淘汰类的，工业产品或农业灌溉不符合行业用水定额标准的，以及地下水已严重超采的地区取用地下水的建设项目取水申请等不符合规定的，审批机关不予批准。四是加强计划用水和取水许可监管，从严核定用水计划，加强取用水申报、下达、核查等环节管理。五是建立水资源承载能力监测预警机制，和区域水情及社会经济状况关联，建立按水资源红线和承载状态评估发展的长效机制。

7.2　建设国家智能水网体系

智能水网是指充分运用云计算、物联网、大数据、移动互联网和人工智能等新一代信息技术，将自然河湖水系网络和社会的取、供、输、排水渠系或管道网络系统，以及蓄、滞、泄和堤防体系等工程网组成的实体水网与信息网络高度融合，构建以"蓄得住、排得出；流得畅、调得活；控得准、管得好"为基本特征的现代流域水循环调控基础设施体系与智能管理系统，实现对包括防汛抗旱减灾、城乡供排水、农业灌溉、水生态与环境保护、水力发电、河道航运等在内的各类水事活动的智能化支持、智能化决策和智能化管理，促进经济社会用水的安全保障、水资源的可持续利用以及水生态与环境的健康友好。

7.2.1　实施国家智能水网工程是新时代水利现代化的必然要求

习近平总书记在党的十九大报告中特别强调要建设网络强国、数字中国、智慧社会，把智慧社会作为建设创新型国家的重要内容，从顶层设计的角度，为经济发展、公共服务、社会治理提出了全新要求和目标。水网作为与电网、通信网同等重要的基础性网络，构建智能水网是智慧社会建设的重要组成部分，应按照党的十九大精神和中央统一要求，大力推进新一代信息技术在水资源安全保障的广泛应用，构建江河水系和水利基础设施的现代化网络体系。

一是体现在满足中央的要求上。党的十九大报告中特别强调要建设网络强国、数字中国、智慧社会。智能水网工程可以将物理水网与数字化建设有机衔接，有利于推进新一代信息技术在水利行业的广泛应用，从而提高国家防洪安全、供水安全、粮食安全、生态安全的保障水平。

二是体现在缩小与智慧城市、智慧行业建设的差距上。水利信息化建设虽然已经取得一定成效，为各项水利工作提供了重要支撑，但是与其他行业相比仍具有很大差距，迫切需要迎头赶上。

三是体现在响应水利改革发展的需求上。传统水利已难以满足新时代经济社会发展提出的专业化、精细化、智能化管理要求，必须以流域为单元、以江河水系为经络、以水利工程为节点，构建现代化的智能水网工程平台，满足新时代经济社会发展新要求。

目前，我国大江大河的重要水利工程建设已经取得举世瞩目的成就，水利信息化基础设施也已初具规模，综合信息采集体系初步形成，网络通信保障能力显著提高，水利基础设施云正在推进，水利信息资源开发利用初见成效，国家防汛抗旱指挥系统、国家水资源管理系统等应用系统基本建成，为实施智能水网奠定了良好的基础。

7.2.2　加快完善空间均衡的水资源调配网络体系

随着经济社会快速发展和气候变化影响加剧，在水旱灾害等老问题仍未根本解决的同时，配置不均衡、水生态损害、水环境污染等新问题更加凸显，新老水问题相互交织。迫切需要以优化水资源配置格局为重点，加快完善空间均衡的水资源调配网络体系，形成分层多级的立体调控体系。

一是在国家层面，以重要江河湖泊为基础，重要控制性水库为中枢，依托南水北调等重大跨流域调水工程，完善拓展"四横三纵、南北调配、东西互济"的国家骨干水网格局，架构跨流域、跨省的长距离调水的国家水资源调配体系；以骨干调水工程为水网主动脉，从国家层面支撑以丰补枯、调余补缺、区域互济的整体水网布局，重点解决全国范围内水土资源不均衡、水资源与社会经济不均衡和生态脆弱区域水量衰减等战略问题，突破流域自身水资源承载能力的瓶颈因素，从整体上提高水资源对社会经济和生态条件的支撑作用。二是在一级流域和省级行政区层面，以国家骨干水网工程为依托，以区域内水库、湖泊为调蓄中枢，建设必要的引调水工程，逐步实现局部连通向区域连通发展，形成"互联互通、相互调剂"的区域水网格局，架构水系互济、水源互补的区域水资源调配体系。三是城市单元，应以城市水源调配、防洪排涝、水环境改善为重点，合理连通城市河湖水系，完善城市防洪排涝体系，保障城市供水安全，保护恢复河流生态廊道，构建融城市河流、湖泊、管道、人工水域于一体的城市水网体系。四是农村水系和灌区，应针对一些农村河道淤堵严重、水流不畅、水源不足等问题，积极实施清淤疏浚、引排工程以及小型水源工程建设，灌排结合改善河道水源条件，建设农村和灌区生态水网，为新型城镇化建设创造条件。

以满足水资源刚性约束支撑国家战略发展为目标，明确国家水网构建原则和实施途径。水网构建具有不同的层次。对于国家水网，其主动脉是主要江河自然通道和跨流域调水骨干工程，也是水系连通工程。对于作为国家主动脉的骨干调水工程，需要开展必要性、可行性、经济性分析，坚持量质效益并重，支撑国家水网重大工程实施。首先是遵循以水定需原则确定工程建设必要性。分析需求保障层次，结合调出区、调入区社会经济发展状况，以充分节水为前提，分析水资源禀赋及已有调水工程调水量是否满足区域主体功能区定位、国家战略规划和重点行业规划（能源、粮食、城市群），剖析未来发展的刚性需求增量，解析合理压缩弹性需求后用水缺口的不可协调性，明确定位重点工程的必要性强弱。在充分节水和充分利用本地水源的条件下不能满足刚性需求时，才能考虑论证实施可行的调水工程。其次是确保调出区安全的可行性分析，结合调出区流域状况，以生态环境充分保护为前提，以河流枯季径流量的特定比例或生态环境改变的河流阈值为约束，兼顾地本流域经济社会发展和用水需求等要素，论证调出区可调水量，扣除调出区为未来发展所储备的刚性需求增量和合理弹性需求以及已有调水工程调水量，评估调出区可调水量。最后是针对工程建设运行的经济性分析，按照现有工程、待建（含建设中）工程分类，复核现有工程单方水调水建设成本、调水服务目标类型、运行成本、供水水价及财政补贴等，对已有工程调水服务经济效益进行综合评估，明确设计和运行阶段与建设前各阶段（规划、可研、初设等）经济性对比结果。对于其他的水网工程建设，也需要考虑水系连通的经济、社会、生态、环境等综合影响，解决水网构建的安全、成本效益、优化调配等关键问题，分析风险要素，确定工程建设可行性和方案。

考虑水网规划建设的复杂性，需要开展国家水网基础科学攻关，解决水网规划建设与运行管理的关键问题，形成相应的标准和技术方法体系。以水量均衡调控为基础，夯实区域水资源供需形势分析，从全国和流域、区域不同层面，提出分层次的水量均衡和分级水网的构建要求，明确重点水量调配需求和国家水网布局，引导相关建设。

7.2.3 全面构建透彻感知的水资源立体监测体系

传统的水资源监测以自然水循环监测为主，社会水循环监测薄弱，水量监测较为成熟，水质监测较为落后，存在环节割裂、时空覆盖面不全和匹配性不强的问题，远不能满足水资源动态化和精细化管理的要求，亟须全面构建透彻感知的水资源立体监测体系。同时，通过资源、取水、用水、耗水、排水和生态等不同分支环节的全口径监测，形成支撑水资源调配管理的监管决策体系。

一是建设河流湖泊全面监测网络。在现有水文水资源监测站网基础上，实现对流域面积大于 $100km^2$ 的 2 万多条河流、面积大于 $1km^2$ 的 2000 多个湖泊、9 万多座小型水库的全面覆盖，并进一步扩展到 $50km^2$ 的河流，全面提升水资源预警预报水平和江河湖泊日常监管能力。二是建立水资源管理全面感知网络。在水资源监控能力建设项目、国家地下水监测工程等项目的基础上，对重要水源地、规模以上取用水户、规模以上入河排污口、行政区界河流断面进行水量水质监测。三是建设水生态环境感知网络，对已建有水利水电工程的江河生态流量、国家重要水功能区、水土保持重点治理区等进行生态监测。四是加强感知能力建设，在已有的地面监测站网基础上，构建基于物联网、卫星遥感、无人机、视频监控等的天地一体化监测体系，提高感知能力和技术水平。

7.2.4 大力促进开放共享的水资源大数据体系

我国水资源数据采用多点采集、分散处理和分布存储的方式，内部专业之间的信息共享不足；与环保、交通、国土、住建、工信、民政的相关数据还不能实现部门间共享；与气象、测绘、工商等部门数据仅为防汛实现了部分共享，不足以支撑水资源智能化分析，亟须大力促进开放共享的水资源大数据体系建设。

一是通过提升数据资源获取能力、整合集成各类水利数据、建立水利数据资源目录、完善数据更新机制，建成健全完整、标准统一、持续更新的水利数据体系。二是建设国家水信息基础平台，构建横向内部水利业务之间数据共享应用机制、纵向各级水利部门之间数据交换机制，实现水利系统内部数据分层级按权限互联互通，打破信息孤岛，充分发挥数据效能。三是在水利数据资源目录基础上，制定水利信息资源目录，有序推进水利数据与其他政府部门间共享服务，推动数据有效利用，提升政府服务能力和综合效能。四是建立水利数据开放机制和标准、建设水利数据开放平台、引导水利数据开发利用，稳步推进水利数据向社会开放，推进可开放数据的社会化应用。通过数据共享和优化实现对水资源调配和管理决策业务的全面支撑，达到数字赋能、提升智能水平的目的。

7.2.5 深入开发科学高效的水资源智慧应用体系

对于新一代信息技术的应用，水利行业总体上还处于初级阶段。水利信息系统以数据采集展示、查询浏览、统计分析、流程流转等功能为主，大数据、人工智能、虚拟现实、专业模型等技术尚未得到广泛应用，智慧功能尚未得到充分显现，亟须深入开发科学高效的水资源智慧应用体系。

一是建立水文水资源、社会与经济、基础地理、网络舆情、智能手机等数据组成的数据库，研制水资源开发、利用、保护等预警预报大数据模型，开展智能、综合、高效的水资源大数据信息服务；建立跨业务、跨行业、跨层级的数据综合平台，实现水资源精细管理、红线复核、风险预警和效益评估等智慧化应用。二是提升基于天地一体化采集和集成多源社会监督数据的水环境监测能力；推进基于大数据技术的水环境数据的关联分析，实现流域重要水功能区、规模以上入河排污口、重要饮用水水源地等监测信息评估，增强水环境趋势分析和预警能力，支撑水环境精细化分析和监管。三是建立基于大数据的水肥方案制定及自动推送模式；研制能实时接入水肥方案指令的水肥一体化设备，实现作物的科学精准灌溉；构建基于作物生长过程实时感知的水肥方案自适应调整和执行方式，以便利于作物的吸收和生长。四是在城市供排水管网的基础和监测数据库基础上，建立基于水文水力学的供排水状态预测预警模型，升级完善城市供水管网漏损控制系统，加强对城市排水管网运行状态和水量水质的监测预警，建立对城市供排水系统的预判分析、快速响应、高效处理、过程透明的工作模式。

7.2.6 稳步推进安全智能的水资源自动控制体系

我国大部分水利工程还未实现自动控制，大型水利工程控制设备和软件仍以国外公司产品为主，国产化程度低；大部分工控系统设备老旧，有的没有升级换代能力，这与电力调控领域全行业自主研发全套软件形成鲜明反差，亟须稳步推进安全智能的水资源自动控制体系。

一是全面建设我国大中型水库的自动化控制系统，试点推进小型水库的自动控制系统建设，探索防洪、供水、发电等多目标调度模式下的水库群协同控制系统建设，并着力推进复杂环境条件下的国产化水利自动化控制设备示范应用。二是构建适应市场条件的风光电联合运行的自动控制模式，建设跨流域跨区域水电站群优化运行控制系统，实现水电站群集中控制、机组优化运行及最优效益。三是建设多类型建筑群、多功能闸群、多组合泵群协同运行的长距离输调水工程自动控制系统，实现满足供水、航运、灌溉等目标条件后的工程安全和水文安全目标。四是建立水肥一体化灌溉控制方式，全面推进我国大型灌区、中型灌区、重点灌区的自动控制系统建设，实现对骨干管渠网、田间系统的智能灌溉。

7.3 实施非常规水源配额制

非常规水源包括再生水、雨水、矿井水、咸水、海水等，是保障经济社会发展的第二水源。加大非常规水源开发利用是缓解水资源供需矛盾、统筹解决水资源问题的重要举措，国际社会对此高度重视。美国再生水利用比较普遍，加利福尼亚州再生水灌溉回用比例达到 69%，佛罗里达州达到 63%；以色列再生水灌溉利用量超过 4 亿 m^3，占总用水量的 20%，未来将达到 8 亿 m^3；澳大利亚从 2000 年开始将雨水和废污水提升水质后作为供水水源。据保守估算，我国非常规水源可利用量在 400 亿 m^3 以上，占水资源需求量的 6% 左右。2020 年我国非常规水源实际供水量为 128 亿 m^3，仅占全国供水总量的 2%，利用的空间还非常大。非常规水源利用率低的原因是多方面的，但主要原因是缺乏有效的激励约束机制，亟待出台加强非常规水源利用的政策措施。

7.3.1 非常规水源的特点和开发利用的难点

不同非常规水源均有其自身特点：再生水利用的水量和水质相对较稳定，且不受季节影响，投资也相对较小且周期短；雨水资源利用受季节变化影响显著，且区域空间差异性较大；海水利用水源可靠，但供水范围有限，远距离供水成本锐增，较难大规模开发利用；微咸水利用依赖于当地的水文地质条件，同时水质较差，对供水管网影响较大；矿坑排水出水量大，且水源多为深层地下水、水质较好，但在排放过程中容易受二次污染，使得出水水质较差。不同非常规水源开发利用需要与用户结合，才能真正实现其供水功能，发挥最大供水效益。

虽然潜力较大，但非常规水源的开发还存在一定困难，主要原因包括：①经济因素，开发利用成本相对较高，企业和用户缺乏积极性；②技术因素，多水源统一调配体系尚未建立，利用的设施体系不完善，如水源距离用水户远、供水管网系统不健全难以配置到用户；③水质因素，受制于非常规水源的本地条件，不同水源只能供给指定用户，再生水、矿井水等处理回用的标准体系有待完善；④政策因素，相关的制度、政策、价格体系不完善，推进作用和激励效应不足。

因此，针对上述非常规水源的特点和开发利用的难点，亟须从经济、技术、政策等多方面发力，加强相关技术与设备研发，发挥市场杠杆机制，出台各种强制手段和鼓励政策，促进非常规水源利用的工作落到实处。

从技术角度来看，海水淡化高新技术的不断进步，污水处理技术的日益成熟，其他相关技术发展也为雨水利用、微咸水利用、矿井水利用创造了可能条件。长远来看，非常规水源利用的瓶颈仍然在于政策机制。因此，有必要参考能源政策中的新能源激励方式实施非常规水源配额制，推进非常规水源的开发能力建设和配套设施建设，强化非常规水源的利用和推广。

7.3.2 加强不同类型的非常规水源利用基础设施建设

缺乏基础设施导致难以参与用户配置是制约非常规水源利用的关键因素，如不能纳入供水管网、渠系系统等。开发利用成本高、水质差等因素也极大地影响了用户使用的积极性。因此，必须针对开发、利用和配置问题与需求全面提升基础设施能力，重点突破薄弱环节，通过政策和市场机制促进技术研发和推广，降低非常规水源开发利用成本，形成可规模化利用的基础平台，使非常规水源能产、可供、便用。

通过政策引导高耗水行业布局到可利用非常规水源的区域，将再生水利用作为污水处理厂的必备设施。通过制定行业标准等管理手段，将非常规水源开发利用基础设施作为区域总体规划、城市建设的强制性内容，并纳入市政供排水体系。

不同非常规水源基础能力建设须与相关规划政策协调。再生水利用应与污染防治规划协调，在现有污水处理厂基础上提高处理标准，建设配套再生水处理厂与管网，实现再生水进入供水体系，满足回补河湖生态用水；海水利用要与海洋开发规划、供水管网规划协调，同时与区域土地开发规划结合，既要加快淡化处理厂建设，又要实现配套供水设施建设，供给合适的用户或进入本地水源工程与当地地表水源混合后一体化供水；雨水利用需要结合海绵城市建设规划，做好城市公共设施、小区的内部利用小循环，解决绿化、环卫等市政用水；矿井水利用应与能源开发以及配套的下游产业链条建设规划相结合，建设矿井水处理设施，替代常规水源的使用或满足下游产业园区用水。

与相关规划的协调使非常规水源配额指标和能力建设相适应，使配额指标具有可操作性，切实推进非常规水源利用。

7.3.3　强化非常规水源配额制实施的管理和考核手段

在管理制度和措施上将非常规水源配额作为优化水源结构的强制性要求，纳入最严格水资源管理制度进行管理和考核。考核指标主要为非常规水的实际利用量是否达到配额指标，以及非常规水源利用量占总供用水的比例，衡量区域的非常规水源利用是否达到标准。主要的管理和考核手段包括：

1）将配额制纳入区域最严格水资源管理制度，作为指标进行评估考核，未达到配额指标的在考核中扣分。非常规水源利用总量只能增加不能减少，无合理原因利用量减少的也在考核中要扣分。新增非常规水源不计入用水总量指标，未达到配额的区域相应核减其用水总量指标，不再新增取水许可、不审批新的水源项目、不允许高耗水项目立项建设。简化非常规水源及其配套设施建设的审批程序，提高运行管理效率，确保非常规水源开发利用的优先地位。

2）针对规划新区和工业园区等对再生水利用提出明确要求。严重缺水地区特定高用水行业强制使用非常规水源。工业园区和城市新区建设必须规划非常规水源利用设施，利用量要达到配额。严重缺水地区特定高用水行业强制使用非常规水源。在城市总体规划、区域发展规划中，将非常规水源利用设施建设作为区域（城市）总体规划的必备内容，在建设过程中优先考虑其需求。

3）用户层面循序推进。新增取用水户在满足利用条件下必须优先使用非常规水源，非常规水源利用量作为常规水源分配指标的前提；划定符合利用要求的老用户，限期使用非常规水源，限期内未完成改造达到用水配额的，在取水许可延续时压缩常规水源取用指标。

4）建立评估标准和监测计量体系。根据监测评估，符合供水要求的非常规水源才能作为实际利用量。例如，废污水、矿井水只是达到处理排放要求排入河湖，不应作为实际利用量，必须是在满足水质后进入用户配置体系，或者满足水功能区水体要求后排入河湖的水量方可作为实际利用量。突出水质安全，不符合人体直接接触标准的非常规水源要有提示，具备条件的要进行隔离。

通过管理考核引导非常规水源利用的基础设施建设和技术推广，将其纳入水资源配置体系。

7.3.4　从立法、政策和市场多方面完善约束和激励机制

一是投资倾斜。制定政策鼓励水利发展资金、节能减排专项资金、其他资金

支持非常规水源利用。将非常规水源工程作为公益工程进行扶持，以贷款贴息、财政补贴等形式支持和鼓励社会资本参与非常规水源开发利用项目。非常规水源开发利用突出的区域在水资源开发利用保护方面的政策投资予以倾斜，在水量分配上予以优先考虑。

二是用地优惠。制定专项政策，推动非常规水源利用基础设施建设在用地上优先审批，降低土地出让金最低标准，提供政府补贴。

三是税费优惠。非常规水源利用可以减免水资源税，如矿井水利用从低征税，再生水可以免税等，效果突出的企业给予奖励及水资源税减免等优惠。

四是立法支持。修订《中华人民共和国水法》时突出非常规水源利用。具备条件的区域出台有关非常规水源开发利用的法规或管理条例，将非常规水源配额作为强制目标，规范非常规水资源开发和利用。

五是价格机制。通过优惠政策鼓励引导，制定激励利用非常规水源政策，以政府补贴等方式降低非常规水源水价，提高常规水源价格，减少非常规水源利用的价格障碍。

六是公众参与。加大科普和宣传力度，引导社会公众形成优先利用非常规水源的理念，提高非常规水源利用的必要性认识，改变公众对再生水等非常规水源利用的偏见，发挥公众监督作用。

参 考 文 献

曹寅白, 韩瑞光. 2015. 京津冀协同发展中的水安全保障. 中国水利, (1): 5-6.

陈雷. 2014-8-1. 新时期治水兴水的科学指南——深入学习贯彻习近平总书记关于治水的重要论述. 求是.

陈琴. 2016. 加强长江水资源保护保障流域水安全. 人民长江, 47 (9): 3-7.

陈群元, 喻定权. 2009. 我国城市群发展的阶段划分、特征与开发模式. 现代城市研究, (2): 77-82.

陈雯. 2008. 空间均衡的经济学分析. 北京: 商务印书馆.

陈晟利, 徐野, 李沈平, 等. 2009. 加强我国供水安全保障能力建设的建议. 中国给水排水, 25 (14): 25-27.

陈旭升. 2009. 中国水资源配置管理研究. 哈尔滨: 哈尔滨工程大学.

陈亚宁, 杨青, 罗毅, 等. 2012. 西北干旱区水资源问题研究思考. 干旱区地理, (1): 1-9.

楚泽涵, 封锡强等. 2000. 水资源问题应引起关注. 古地理学报, 2 (4): 84-90.

戴春胜, 林明, 龙志远, 等. 2015. 松嫩平原水土资源生态状况与建设国家粮食安全生产基地的措施. 水利规划与设计, (1): 3-6.

杜思思, 游进军, 陆垂裕, 等. 2011. 基于水资源配置情景的地下水演变模拟研究——以海河流域平原区为例. 南水北调与水利科技, 9 (2): 64-68.

樊杰. 2007. 我国主体功能区划的科学基础. 地理学报, 62 (4): 339-350.

付青, 赵少延. 2016. 长江经济带地级及以上城市饮用水水源主要环境问题及保护对策. 中国环境监察, (6): 25-27.

甘泓, 贾仰文, 游进军. 2007. 南水北调东线工程水量分配及其社会经济影响研究. 第三届黄河国际论坛论文集第五册——流域水资源可持续利用与河流三角洲生态系统的良性维持. 郑州: 黄河水利出版社.

甘泓, 汪林, 曹寅白, 等. 2013. 海河流域水循环多维整体调控模式与阈值. 科学通报, 58 (12): 1085-1100.

顾大钊. 2013. 能源"金三角"煤炭现代开采水资源及地表生态保护技术. 中国工程科技, 15 (4): 102-107.

胡慧芝. 2019. 基于农业可持续发展的长江经济带粮食安全评价. 重庆: 西南大学.

胡彦文. 2010. 城镇供水应急水源储备规模浅析. 水利科技, (3): 59-61.

贾玲, 游进军, 汪林, 等. 2014. 南水北调东、中线一期工程水源置换效应情景分析. 南水北调与水利科技, 12 (1): 16-20.

金菊良, 郦建强, 吴成国, 等. 2019. 水资源空间均衡研究进展. 华北水利水电大学学报（自然科学版）, 40 (6): 47-60.

李美香, 黄昌硕, 耿雷华, 等. 2017. 城市应急备用水源建设要求与思路. 中国水利, (7): 48-50.

李云玲, 刘颖秋等. 2009. 我国宏观水资源配置格局研究. 水利发展研究, 11-13.

刘颖, 谢萌, 丁勇. 2004. 对基尼系数计算方法的比较与思考. 理论新探, (177): 15-16.

刘悦忆, 朱金峰, 赵建世. 2016. 河流生态流量研究发展历程与前沿. 水力发电学报, 35 (12): 23-34.

柳长顺. 2008. 关于建立我国水资源战略储备体系的探讨. 水利发展研究, (2): 20-25.

聂艳华, 刘东, 黄国兵. 2010. 国内外大型远程调水工程建设管理经验及启示. 南水北调与水利科技, 8 (1): 148-151.

施雅风, 曲耀光. 1992. 乌鲁木齐河流域水资源承载力及其合理利用. 北京: 科学出版社.

唐霞, 曲建升. 2015. 我国能源生产与水资源供需矛盾分析和对策研究. 生态经济, 31 (10): 50-52.

万文华, 尹骏翰, 赵建世, 等. 2016. 南水北调条件下北京市供水可持续评价. 南水北调与水利科技, 14 (2): 66-73.

汪林, 甘泓, 赵世新, 等. 2009. 南水北调东、中线一期工程对受水区生态环境影响分析. 南水北调与水利科技, 7 (6): 4-7, 53.

汪恕诚. 2010. 中国水资源安全问题及对策. 电网与清洁能源, 26 (9): 71-72.

王浩, 刘家宏. 2016. 国家水资源与经济社会系统协同配置探讨. 中国水利, (17): 7-9.

王浩, 游进军. 2016. 中国水资源配置30年. 水利学报, (3): 265-271.

王浩, 秦大庸, 王建华, 等. 2003. 黄淮海流域水资源合理配置. 北京: 科学出版社.

王劲峰, 刘昌明, 王智勇, 等. 2001. 水资源空间配置的边际效益均衡模型. 中国科学 (D辑: 地球科学), 31 (5): 421-427.

王静爱, 王珏, 叶涛. 2004. 中国城市水灾危险性与可持续发展. 北京师范大学学报: 社会科学版, (3): 139-144.

王小军, 张建云, 刘九夫, 等. 2009. 以榆林市工业用水为例谈西北干旱地区需水管理战略. 中国水利, 44 (17): 16-19.

王小军, 赵辉, 耿直. 2010. 我国地下水开发利用现状与保护对策. 中国水利, 45 (13): 33-35.

王小军, 管恩宏, 毕守海, 等. 2015. 城市总体规划水资源论证工作进展与思考. 中国水利, 50 (3): 14-16.

王小军, 高娟, 于义彬, 等. 2016. 关于构建城市总体规划水资源论证控制性指标框架体系的思考. 中国水利, 51 (9): 1-3.

王小军, 张旭, 冯杰, 等. 2017. 陕北煤电基地主要用水系统与节水技术研究. 中国水利, 52 (9): 12-14.

王小军, 程继军, 王利平, 等. 2018. 北方典型钢铁企业非常规水源综合利用与思考. 中国水利, 53 (15): 32-35.

王学风, 赵建世, 王忠静. 2007. 南水北调西线一期工程调水对黄河流域影响分析. 水力发电学报, (2): 19-26.

王勇, 鲁家奎, 毛慧慧. 2013. 跨流域调水在海河流域河湖水系连通中的作用. 海河水利, (1): 1-2.

王忠静, 熊雁晖, 赵建世. 2004. 基于区域经济层次交互分析的流域需水预测方法. 水力发电学报, 23 (5): 78-82.

吴书悦，赵建世，雷晓辉，等.2017.气候变化对新安江水库调度影响与适应性对策.水力发电学报，36（1）：50-58.

夏军.2003.华北地区水循环与水资源安全：问题与挑战（一）.海河水利，(3)：1-4.

夏军，刘孟雨，贾绍凤，等.2004.华北地区水资源及水安全问题的思考与研究.自然资源学报，(5)：550-560.

徐天奕.2018.太湖流域城市群供水安全保障对策研究.江苏水利，(6)：8-12.

许英明.2013.水安全理念约束下的城镇化转型路径探讨.工业技术经济，(4)：121-124.

许英明，张金龙.2013.快速城市化背景下的城市水安全问题：表现、成因及应对.前沿，(5)：16-18.

薛小妮，甘泓，游进军.2012.海河流域水资源承载能力研究.中国水利水电科学研究院学报，10（1）：53-58.

闫祥.2014.兰州新区供水安全及水资源可持续利用研究.兰州：兰州交通大学.

严立冬，岳德军，孟慧君.2007.城市化进程中的水生态安全问题探讨.中国地质大学学报（社会科学版），7（1）：57-62.

游进军，王浩，甘泓.2006.水资源系统模拟模型研究进展.水科学进展，16（3）：129-133.

游进军，王忠静，甘泓，等.2008a.国内跨流域调水配置方法研究现状与展望.南水北调与水利科技，5（3）：1-4.

游进军，甘泓，王忠静，等.2008b.两步补偿式外调水配置算法及应用研究.水利学报，39（7）：870-876.

游进军，林鹏飞，王静，等.2018.跨流域调水工程水量配置与调度耦合方法研究.水利水电技术，49（1）：16-22.

张春玲.2014.我国能源发展的水资源条件与供水保障思路.煤炭加工与综合利用，(2)：16-21.

张利平，夏军，胡志芳.2009.中国水资源状况与水资源安全问题分析.长江流域资源与环境，18（2）：116-120.

张翔.2015.西北旱区农业水土资源利用分区研究.杨凌：西北农林科技大学.

张玉泽，张俊玲，程钰，等.2016.供需驱动视角下区域空间均衡内涵界定与状态评估——以山东省为例.软科学，30（12）：54-58.

张正斌，段子渊，徐萍，等.2013.中国粮食和水资源安全协同战略.中国生态农业学报，21（12）：1441-1448.

赵建世，王忠静，秦韬.2008.海河流域水资源承载能力演变分析.水利学报，39（6）：647-658.

赵建世，王忠静，甘泓，等.2009.双要素水资源承载能力计算模型及其应用.水力发电学报，28（3）：176-180.

左其亭，赵衡，马军霞.2014a.水资源与经济社会和谐平衡研究.水利学报，45（7）：785-792.

左其亭，赵衡，马军霞，等.2014b.水资源利用与经济社会发展匹配度计算方法及应用.水利水电科技进展，34（6）：1-6.

Fan J, Sun W, Zhou K, et al. 2012. Major function oriented zone: new method of spatial regulation for reshaping regional development pattern in China. Chinese Geographical Science, 22 (2): 196-209.

Lin P F, You J J, Gan H, et al. 2020. Rule-based objected-oriented water resource system simulation model for water allocation. Water Resources Management, DOI: 10. 1007/s11269-020-02607-3.

Wang X J, Zhang J Y, Shahid S, et al. 2012. Water resources management strategy for adaptation to droughts in China. Mitigation and Adaptation Strategies for Global Change, 17 (8): 923-937.

Wang X J, Zhang J Y, Shahid S, et al. 2015. Demand control and quota management strategy for sustainable water use in China. Environmental Earth Sciences, 73 (11): 7403-7413.

You J J, Gan H, Wang Z, et al. 2007. Study on water resources allocation in water-receiving area of East Route of South-to-North Water Transfer Project. IAHS Publ, 315: 25-34.

You J J, Jia L, Gan H, et al. 2011. Model coupling for forecast of groundwater evolution under intensive human activities. IAHS Publ, 345: 80-86.